Jens Grenzhäuser

Entwicklung neuartiger Mess- und Auswertungsstrategien für ein scannendes Wolkenradar und deren Anwendungsbereiche

Wissenschaftliche Berichte des Instituts für Meteorologie und
Klimaforschung des Karlsruher Instituts für Technologie
Band 55

Herausgeber: Prof. Dr. Ch. Kottmeier

Institut für Meteorologie und Klimaforschung
am Karlsruher Institut für Technologie
Kaiserstr. 12, 76128 Karlsruhe

Eine Übersicht über alle bisher in dieser Schriftenreihe erschienenen Bände
finden Sie am Ende des Buchs.

Entwicklung neuartiger Mess- und Auswertungsstrategien für ein scannendes Wolkenradar und deren Anwendungsbereiche

von
Jens Grenzhäuser

Dissertation, Karlsruher Institut für Technologie
Fakultät für Elektrotechnik und Informationstechnik
Tag der mündlichen Prüfung: 29.04.2011
Referenten: Prof. Dr. K. D. Beheng, Prof. Dr. S. Jones

Impressum

Karlsruher Institut für Technologie (KIT)
KIT Scientific Publishing
Straße am Forum 2
D-76131 Karlsruhe
www.ksp.kit.edu

KIT – Universität des Landes Baden-Württemberg und nationales
Forschungszentrum in der Helmholtz-Gemeinschaft

KIT Scientific Publishing 2012
Print on Demand

ISSN 0179-5619
ISBN 978-3-86644-775-2

Entwicklung neuartiger Mess- und Auswertungsstrategien für ein scannendes Wolkenradar und deren Anwendungsbereiche

Kurzbeschreibung

Die Beobachtung wolkenphysikalischer Prozesse wird erst durch räumlich und zeitlich hoch aufgelöste Messungen mit Wolkenradaren möglich. Nachdem vertikal zeigende Geräte weit verbreitet sind, erweitern scannende Wolkenradare die Messmöglichkeiten, denn sie erlauben es, einen bestimmten Bereich der Wolke mehrfach nacheinander zu erfassen. Nur so kann die zeitliche Entwicklung innerhalb der Wolke getrennt von der räumlichen Variabilität erfasst werden.

In der vorliegenden Arbeit werden Messungen mit dem scannenden 35.5 GHz Wolkenradar MIRA36-S vorgestellt. Der Schwerpunkt liegt dabei auf der Entwicklung geeigneter Scan- und Auswerteverfahren, die von der neuen technischen Möglichkeit Gebrauch machen. Bei den meisten hier vorgestellten Messungen handelt es sich um eine schnelle Abfolge von RHI-Scans, die in Richtung des vorherrschenden Windes durchgeführt wurden. Die Auswerteverfahren sind so konzipiert, dass sie auch automatisiert werden können, also für den operationellen Einsatz geeignet sind.

Ein Algorithmus zur Detektion und Analyse der Schmelzschicht wird vorgestellt und diskutiert. Neben der mittleren Höhe der Schmelzschicht können ihre Ober- und Unterkante identifiziert werden. Durch den Einsatz von drei verschiedenen Messgrößen (Reflektivität, LDR und vertikale Streuergeschwindigkeit) lassen sich verschiedene Teilprozesse in der Schmelzschicht räumlich getrennt identifizieren. Unter anderem kann gezeigt werden, dass die Schmelzdauer ab einer minimalen Schmelzschichtdicke nahezu unabhängig von den Eigenschaften der Hydrometeore direkt oberhalb der Schmelzschicht bei etwa 150 s liegt.

Ein weiterer Algorithmus zerlegt die gemessenen radialen Geschwindigkeiten in großräumige Anteile und einen Restanteil, der als residuale Geschwindigkeit definiert wird. Die in dieser Arbeit eingeführte residuale Geschwindigkeit ist ein beachtliches Werkzeug, das interne Fluktuationen aufzeigt, mit denen zusätzliche Erkenntnisse über die interne Dynamik der Wolke ermöglicht werden. Mit Hilfe der residualen Geschwindigkeiten sind zudem Wellen (z.B. interne Schwerewellen oder Kelvin-Helmholtz-Instabilitäten) zu erkennen und zu analysieren. Eigenschaften wie Amplitude, Wellenlänge und Phasengeschwindigkeit lassen sich daraus ableiten.

Development of new measurement and processing strategies for a scanning cloud radar and their applications

Abstract

The observation of cloud physical processes is only possible through spatially and temporally resolved measurements with cloud radars. Although vertically pointing devices are widespread, scanning cloud radars expand the measurement capabilities, because they allow observations of a certain area of the cloud several times in succession. This allows to record the development within the cloud over time separately from the spatial variability.

In this work measurements are presented with the scanning 35.5 GHz cloud radar MIRA36-S. The focus is on the development of appropriate scanning and evaluation methods that avail the new technical possibility. Most measurements presented here are a rapid succession of RHI scans, performed in the direction of the prevailing wind. The evaluation methods are designed to be automated for operational use.

An algorithm for detection and analysis of the melting layer is presented and discussed. In addition to the mean height of the melting layer, its upper and lower limits are identified. By using three different measures (Reflectivity, LDR and vertical scatterer velocity) various sub-processes in the melting layer can be identified in spatially separation. Furthermore, it can be shown that the melting time from a minimum melting layer thickness is nearly independent of the properties of the hydrometeors directly above the melting layer, and amounts to approximately 150 s.

Another algorithm decomposes the measured radial velocities in large-scale portions and a remaining portion, which is defined as the residual velocity. The residual velocity introduced in this publication is a remarkable tool revealing internal fluctuations which increase the knowledge of the internal dynamics of the cloud. By using the residual velocities, waves (e.g. internal gravity waves or Kelvin-Helmholtz instabilities) can also be detected and analyzed. Characteristics such as amplitude, wavelength and phase velocity can be derived from it.

Inhaltsverzeichnis

1 Einleitung

Wolken spielen eine entscheidende Rolle im Strahlungs- und Wasserhaushalt der Erde. Sie entstehen durch Kondensation oder Deposition von Wasser, meist an Aerosolen und absorbieren, reflektieren und emittieren Strahlung. Wolken bestehen aus Eispartikeln und Tropfen, so genannten Hydrometeoren. Durch Kondensation, bzw. Deposition und Stoßprozesse nehmen diese an Größe zu und beginnen zu fallen. Niederschlag in Form von Regen, Schnee, Graupel, Hagel ist die Folge. Welche thermodynamischen und dynamischen Prozesse in welchem Maße die Bildung von Niederschlag beeinflussen, ist bisher noch nicht ausreichend verstanden und quantifiziert worden und Gegenstand der Forschung. In dieser Arbeit soll mit Hilfe von Messungen mit einem Wolkenradar das Verständnis von dynamischen Vorgängen in Wolken erweitert werden.

Radargeräte werden seit 1941 zur meteorologischen Fernerkundung eingesetzt. Damit werden erstmals flächige Messungen von Niederschlags- und Wolkenbereichen ermöglicht. So wurde bereits 1941 von J.W. Ryde bei General Electric das erste Wetterradar entwickelt und genutzt. Das erste Radar kurzer Wellenlänge (1.25 cm), das auch Wolkenpartikel detektieren konnte, wurde in den 50er Jahren von Plank et al. (1955) vorgestellt. Die kurze Wellenlänge eines Wolkenradars ermöglicht die Detektion kleinster Wassertropfen und Eispartikel, die ein Radar größerer Wellenlänge (z.B. Niederschlagsradare) nicht erfasst. Wolkenradare helfen ebenfalls bei der Abschätzung von mikrophysikalischen und dynamischen Parametern in Wolken, wie beispielsweise der Größenverteilung der Hydrometeore und von Turbulenzparametern. Um diese Parameter abzuleiten, wurden meist Messungen vertikal ausgerichteter Wolkenradare verwendet. Die mehrdimensionale Dynamik von Strukturen in Wolken in Kombination mit der zeitlichen Entwicklung dieser Strukturen wurde bisher kaum untersucht und ist Gegenstand dieser Arbeit. Auf der Basis von schnellen zweidimensionalen Messungen, so genannten RHI-Scans [1], werden neuartige Verfahren entwickelt, gezeigt und angewendet:

- Eine automatisierte Detektion der Schmelzschicht, um Bereiche zu separieren, in denen die Hydrometeore weitgehend in flüssiger, fester oder gemischter Phase vorliegen.

- Die Visualisierung von Auf- und Abwindbereichen, um dynamische Transportvorgänge detektieren, unterscheiden und verfolgen zu können.

Radare mit Wellenlängen im Millimeterbereich werden heutzutage weltweit eingesetzt. Diese sind in der Regel vertikal ausgerichtet und meist nicht mobil. Beispielsweise im ARM[2] Programm, gefördert durch das amerikanische Ministerium für Energie (DOE[3]) werden mehrere

---

[1] Range-Height-Indicator-Scans, die Radarantenne wird nur in der Elevation bewegt, siehe Kap. 3.2
[2] **A**tmospheric **R**adiation **M**easurement
[3] United States **D**epartment **o**f **E**nergy

stationäre Anlagen in Alaska, den Great Plains und im tropischen Westpazifik sowie eine mobile Anlage betrieben. Damit werden kontinuierliche Messungen von Wolken und Strahlung durchgeführt (Stokes und Schwartz, 1994; Ackerman und Stokes, 2003). Zum Einsatz kommen mehrere vertikal zeigende, polarimetrische 35-GHz-Doppler-Radare, zwei vertikal zeigende polarimetrische 95-GHz-Doppler-Radare und ein scannendes polarimetrisches 95-GHz-Doppler-Radar. Diese haben das Ziel, die Wolkenobergrenzen, die Reflektivitäten, die vertikalen (bzw. die radialen) Partikelgeschwindigkeiten, sowie die Doppler-Streubreiten in Wolken zu messen. Dabei liegt der Schwerpunkt auf der kontinuierlichen Erfassung von Wolkenstrukturen in Verbindung mit Strahlungsmessungen und der Bereitstellung von Datenprodukten, die zur Weiterentwicklung von Klima-Modellen beitragen.

CloudNet, ein Forschungsprojekt, das von der europäischen Kommission gefördert wurde, betreibt ein Netzwerk von drei Wolkenfernerkundungsstationen in den Niederlanden, Frankreich und England (Illingworth et al., 2007). Dabei werden vertikal ausgerichtete 95-GHz-Doppler-Radare und polarimetrische 35-GHz-Doppler-Radare als Teil ihrer Messgeräteausstattung verwendet, um die Repräsentation von Wolken in europäischen Wettervorhersagemodellen zu evaluieren. Diese bodengestützten Wolkenradare messen die vertikale Verteilung von Wolkenschichten und ermöglichen die Anfertigung von Statistiken, beispielsweise des Wolkenbedeckungsgrades mit der zugehörigen Höhe der Wolken, der Höhen der Wolkengrenzen und der Radar-Reflektivitäten für verschiedene Wolkentypen. Wenn ein Radarsystem an einem festen Standort über viele Jahre kontinuierlich betrieben wird, decken die Daten den vollständigen Bereich der dynamischen und mikrophysikalischen Systeme ab, die für diesen Einsatzort typisch sind. Diese Datensätze können auch genutzt werden, um Informationen der Wolkenschichtung in den Kontext von großskaligen oder mesoskaligen dynamischen Systemen zu bringen. Solche Informationen können dann verwendet werden, um Wechselwirkungen zwischen dynamischen und mikrophysikalischen Prozessen zu studieren und zur Verbesserung der Fähigkeit von Modellen beitragen, diese Interaktionen zu simulieren.

Wie auch in den gerade beschriebenen Fällen, wurden meist rein vertikal zeigende Wolkenradare eingesetzt. Damit kann nur eine Zeitreihe am Ort der Messung dokumentiert werden. Die räumliche Änderung der Wolkenstruktur ist damit nicht beobachtbar. Abhilfe schaffen scannende Wolkenradare. Das erste wissenschaftlich genutzte, scannende Wolkenradar wurde in den frühen 80er Jahren beim Environmental Technology Laboratory (ETL) der amerikanischen Wetter- und Ozeanografiebehörde (NOAA) entwickelt. Dieses Radar ist noch immer im Einsatz.

Nachdem Wolken in der Klimaforschung zunehmend an Bedeutung gewannen (siehe z.B. Stephens und Webster, 1981), wurden in den 1990er Jahren dank zahlreicher ingenieurtechnischer Neuerungen neu konstruierte bzw. umfangreich erneuerte Wolkenradare in verschiedenen Forschungsprojekten eingesetzt (z.B. Pazmany et al., 1994; Clothiaux et al., 1995). Die Geschichte der angewandten Radarmeteorologie am Institut für Meteorologie und Klimaforschung (IMK) des KIT[1] beginnt 1993 mit der Inbetriebnahme eines C-Band-Radar. Aus dessen Daten wird beispielsweise die flächendeckende Niederschlagsverteilung im Umkreis von 120 km abgeleitet (Hannesen, 1998; Dotzek, 1999; Peters, 2008). Die Messungen mit einem C-Band-Radar sind darauf beschränkt, große Niederschlagspartikel zu detektierten. Wolken, die aus kleinen Hydrometeoren bestehen, sind mit diesem Radar nicht messbar. Um auch die Vorgeschichte der Niederschlagsentwicklung, also die Frühphase von niederschlagsbildenden Wolken erfassen zu können, wurde im Jahr 2005 ein scannendes Wolkenradar in Betrieb genommen, dessen Messungen die Grundlage für diese Arbeit sind. Dieses Wolkenradar ist ein mobiles 35.5-GHz-Wolkenradar mit der Bezeichnung MIRA36-S und besitzt eine bewegliche Antenne. Es ist eine Weiterentwicklung des rein vertikal abtastenden Wolkenradars MIRA36. MIRA36-S wurde auf Basis von Vorgaben des meteorologischen Instituts des KIT von der Herstellerfirma Metek GmbH entwickelt und besitzt eine weltweit selten realisierte Scan-Einheit, die neben dem gesamten Azimutbereich auch einen Elevationsbereich von $45\,^\circ$ bis zum Zenit überdeckt.

MIRA36-S ist seit 2005 im Einsatz. Nachdem erste Tests auf der Messwiese des KIT-Campus-Nord erfolgreich waren, wurden RHI-Messungen von MIRA36-S mit Vertikalmessungen von MIRA36 in Bezug gesetzt (Handwerker und Görsdorf, 2006). Das Resultat zeigte, dass Zeit-Höhen-Schnitte nur in manchen Situationen die räumliche Struktur von Wolken wiedergeben können. Die Notwendigkeit von abtastenden Wolkenradaren wurde damit unterstrichen.

Der Vergleich von Messungen des Wolkenradars MIRA36-S (vertikal ausgerichtete Antenne) mit einem 95-GHz-Wolkenradar (W-Band) des ARM-Programms lieferte eine qualitativ gute Übereinstimmung (Handwerker und Miller, 2008). Das W-Band-Radar maß Reflektivitäten, die im Mittel 3 dB über denen von MIRA36-S liegen. Oberhalb etwa -10 dB$_Z$ werden Mie-Effekte sichtbar und das Ka-Band-Radar MIRA36-S zeigt mit zunehmender Reflektivität höhere Werte als das W-Band-Radar. Das Wolkenradar MIRA36-S deckt dabei einen, um ca. 15 dB größeren, Bereich der Reflektivität ab, von $-65\,$dB$_Z$ bis 20 dB$_Z$. Die Messungen der Vertikalgeschwindigkeiten zeigen eine gute Übereinstimmung. Fallen die Streuer schneller als mit 3 m/s, so sind die Werte der gemessenen Vertikalgeschwindigkeiten des W-Band-Radars niedriger. Aufgrund der größer werdenden Hydrometeore und der niedrigeren Wellenlänge kommt zunehmend die Mie-Streuung zum Tragen. Weiterhin ist MIRA36-S sensibler gegenüber nichtmeteorologischen Streuern, wie beispielsweise Insekten und Staub. Durch eine bessere Separation des copolaren und cross-polaren Signals ist eine zuverlässigere Messung des linearen Depolarisations-Verhältnisses (LDR, Kap. 3.4.2) gewährleistet. Dadurch können Wolken innerhalb der Grenzschicht besser von nichtmeteorologischen Streuern unterschieden werden.

Gemeinsame Messungen von MIRA36-S zusammen mit einem Lidar-Windprofiler (Wellenlänge $\lambda = 2023$ nm) zeigten gute Übereinstimmungen für Profile des Horizontalwinds in gleichen

---

[1] **K**arlsruher **I**nstitut für **T**echnologie

Messbereichen (Handwerker et al., 2008), die aus so genannten PPI-Scans[1] abgeleitet und mittels VAD[2]-Algorithmus berechnet wurde. Unterschiede der gemessenen Vertikalgeschwindigkeiten beider Messgeräte konnten dazu genutzt werden, die Tropfengrößenverteilung im leichten Niederschlag abzuschätzen (Träumner et al., 2010).

Damit wurde gezeigt, dass MIRA36-S, verglichen mit anderen Wolkenradaren, herausragende Messeigenschaften aufweist, die für zweidimensionale Messungen genutzt werden können (Grenzhäuser und Handwerker, 2010), welche Gegenstand dieser Arbeit sind.

---

[1]Plan-Position-Indicator-Scans, die Radarantenne wird nur im Azimut bewegt, siehe Kap. 3.2
[2]Velocity Azimuth Display, siehe Kap. 2.4.2

2 Grundlagen der Radarmeteorologie

Radare sind gegenwärtig in der Meteorologie wichtige Messgeräte der Fernerkundung von Niederschlag und Wolken. In erster Linie werden Radargeräte in der Meteorologie eingesetzt, um Niederschlag zu messen. Dabei dienen Messungen mittels Radar unter anderem zur Visualisierung und Abschätzung der Entwicklung von Niederschlagsgebieten. Daraus lassen sich beispielsweise Klimatologien von Niederschlagsepisoden erstellen (Carbone et al., 2002). Die aus Messungen abgeleiteten Reflektivitäten und Dopplergeschwindigkeiten liefern wichtige Parameter, die von Wetterdiensten und meteorologischen Warndiensten zunehmend zur Kurzfristvorhersage verwendet werden. Auch für die Hydrologie sind Radarmessungen von großer Bedeutung, da Niederschlagsraten direkt abgeleitet (Beschreibungen verschiedener Methoden finden sich u.a. in Beheng (1998)) und akkumulierte Niederschlagsmengen zur Vorhersage von Abflussraten herangezogen werden können. Weiterhin werden Radarmessungen zur Verifikation modellierter Niederschlagsparameter (z.B Pfeifer et al., 2008) und Wolkenparameter (z.B Illingworth et al., 2007) verwendet. Die Anwendungsbereiche von Radardaten sind somit sehr vielfältig und die gemessenen Daten werden sogar dazu genutzt, um beispielsweise Erwärmungsraten während der Niederschlagsbildung abzuschätzen („latent heat nudging": Leuenberger und Rossa, 2007).

Niederschlagsradargeräte werden überwiegend operationell von Wetterdiensten betrieben. In vielen europäischen Ländern werden C-Band Radare eingesetzt. Der Deutsche Wetterdienst beispielsweise verwendet in seinem Radarverbund 16 C-Band Radare, die mit einer Wellenlänge von ca. 5 cm und einer Frequenz von 5.6 GHz arbeiten. Der amerikanische und der französische Wetterdienst setzen auch S-Band Radare mit einer Wellenlänge von 10 cm (3 GHz) im operationellen Betrieb ein. Im Vergleich zu Messungen von Niederschlag werden Messungen von Wolken mit Radargeräten geringer Wellenlänge, so genannten Wolkenradaren, durchgeführt. Die typischen Frequenzen von Wolkenradaren sind 35 GHz (0.9 cm) und 95 GHz (0.3 cm). Im Übergangsbereich zwischen Wolken- und Niederschlagsradaren werden X-Band-Radare (3 cm, 10 GHz) genutzt, etwa für mobile Einsätze. Die Wahl der Wellenlänge und anderer technischer Spezifikationen (z.B. Pulswiederholfrequenz) ist immer ein Kompromiss zwischen der Detektion von Streuern in einem bestimmten Größenbereich, der Dämpfung durch Streuer, der Reichweite, sowie der zeitlichen und räumlichen Auflösung der Messung.

Das allgemeine Radarprinzip besteht im Aussenden von Mikrowellenstrahlung und dem anschließenden Empfangen der rückgestreuten Strahlung. Für meteorologische Radare werden meist kurze Pulse elektromagnetischer Wellen mit Pulslängen im Bereich einer Mikrosekunde und bei einem Strahlöffnungswinkel im Bereich von einem Grad gesendet. Aus der Laufzeit der empfangenen Welle und der Antennenposition wird der Ort des empfangenen Signals bestimmt. Die empfangene Leistung (proportional zum Quadrat der Amplitude der empfangenen Welle) hängt von der Entfernung der Streuer, von radarspezifischen Größen, wie der Antennenform, der Niederschlagsdämpfung und vom Radarreflektivitätsfaktor ab. Der Radarreflektivitätsfaktor beschreibt u.A. die Rückstreueigenschaften von Streuern im Strahlvolumen. Die Radialkomponente des Geschwindigkeitsvektors kann bei Doppler-fähigen Radaren aus der Veränderung der Phasendifferenz zwischen abgestrahlter und empfangener Welle ermittelt werden. Wird zusätzlich die Änderung der Polarisation von gesendeter und empfangener Strahlung gemessen, lassen sich daraus Schlüsse über die Form (Kugelform, asphärische Partikel) und die Art (flüssig, eisförmig, schmelzend) ableiten.

In den nachfolgenden Unterkapiteln folgen einige allgemeine Definitionen und Zusammenhänge, die für viele Radartypen gelten (siehe dazu auch Sauvageot, 1992; Doviac und Zrnic, 1984; Skolnik, 1990), bevor in Kapitel 3 auf das Wolkenradar MIRA36-S, mit dem die in dieser Arbeit analysierten Radarmessungen durchgeführt wurden, eingegangen wird. Dabei wird zuerst die Streuung und Dämpfung der elektromagnetischen Wellen in der Atmosphäre beschrieben, bevor die Radargleichung vorgestellt und die Geschwindigkeit von Streuelementen besprochen wird.

2.1   Streuung

Breitet sich eine elektromagnetische Welle in einem Medium aus, so führen Änderungen des Brechungsindex zur Streuung der Welle. Für die Radarstrahlung wichtig ist die elastische Streuung (z.B. Rayleigh-Streuung), die sich dadurch auszeichnet, dass die Summe der kinetischen Energien nach der Wechselwirkung mit Streukörpern genauso groß ist wie zuvor. Dabei werden elektrische und magnetische Multipolschwingungen im Streuer angeregt, die ihrerseits wieder als Sender wirken. Streu-Elemente in der Atmosphäre sind hauptsächlich sphärische und abgeplattete Wassertropfen sowie sphärische und teilweise unregelmäßig geformte Eispartikel. Neben der Streuung an Hydrometeoren gibt es auch Streuung an nicht meteorologischen Objekten. Abhängig vom Radarstandort und von den meteorologischen Bedingungen, kann es auch zur Streuung an unbewegten bodennahen Objekten, so genanntem „ground clutter", sowie an bewegten Objekten, beispielsweise an Vögeln, Insekten und Staubpartikeln, kommen.

Ausgehend von den Maxwell-Gleichungen, die die Ausbreitung von elektromagnetischen Wellen allgemein beschreiben, hat Mie (1908) eine vollständige Theorie der Streuung von ebenen Wellen an einer homogenen dielektrischen Kugel in einem nicht absorbierenden Medium entwickelt. Dabei lässt sich die von einem Streu-Element emittierte Strahlung als eine Reihe von Partialwellen berechnen. Sind die Streuer mit Durchmesser D sehr klein, verglichen mit der Wellenlänge λ, lassen sich die Streuteilchen als elektrische Dipole behandeln (Rayleigh-Näherung). Mit zunehmender Größe der Streuteilchen bei konstanter Wellenlänge werden elektrische und magnetische Multipolmomente angeregt, und es treten Resonanzen auf. Dadurch gewinnt die Vorwärtsstreuung deutlich an Dominanz. An den Rayleigh-Bereich schließt sich somit der Mie-Bereich an, in welchem der Rückstreuquerschnitt als Funktion des Streuer-Durchmessers oszilliert.

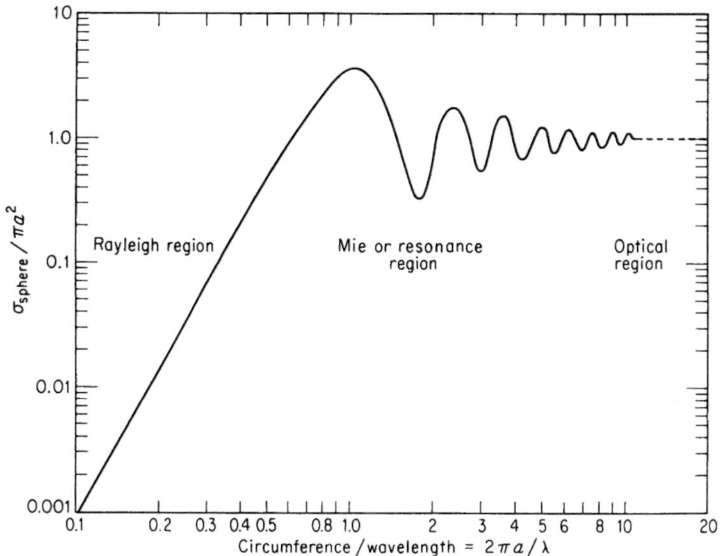

Abbildung 2.1: Logarithmische Darstellung des normierten Rückstreuquerschnitts als Funktion des Verhältnisses vom Streuerumfang zur Radarwellenlänge für eine homogene Kugel, aus Skolnik (1990). Hierbei ist $D = 2\,a$, mit dem Kugelradius a

Für die Radarmessung ist nur der Anteil der Strahlung von Bedeutung, der zurückgestreut wird. Der Streuquerschnitt ist dabei abhängig vom komplexen Brechungsindex m und von der radioelektrischen Größe $\alpha_R = D\,\pi/\lambda = 2\,\pi\,a/\lambda$, mit dem Kugelradius a. Der differentielle Streuquerschnitt für einen Winkel von $180\,°$, also gerade entgegengesetzt zur Strahlrichtung, ist der Rückstreuquerschnitt, der für den Fall der Rayleigh-Näherung gegeben ist durch

$$\sigma = \frac{\pi^5}{\lambda^4}|K|^2 D^6 \tag{2.1}$$

mit $|K|^2 =$ Dielektrizitätsfaktor.

Die vollständige Mie-Theorie ist anhand der Abbildung 2.1 veranschaulicht: Der mit der Kugelschnittfläche normierte Rückstreuquerschnitt ist als Funktion der radioelektrischen Größe dargestellt. Werte von $2\,\pi\,a\,\lambda^{-1} \lesssim 0.3$ kennzeichnen den Rayleigh-Bereich (Steigung der Kurve ist ≈ 4 bei der doppelt logarithmischen Auftragung). Ebenso erkennt man für $\alpha_R \gtrsim 0.3$ den Resonanzbereich der Mie-Streuung.

Der Dielektrizitätsfaktor ist definiert als

$$|K|^2 = \left| \frac{m^2 - 1}{m^2 + 2} \right|. \tag{2.2}$$

Der komplexe Brechungsindex m und somit $|K|^2$ hängen bei einer gegebenen Substanz und deren Aggregatzustand von der Wellenlänge und der Temperatur des Streuers ab. So hat der Dielektrizitätsfaktor beispielsweise für die Wellenlänge des Wolkenradars MIRA36-S von $\lambda = 8.44\,\mathrm{mm}$ folgende Werte für Eis, für unterkühltes Wasser bei -8 °C und für Wasser bei 20 °C (Gunn und East, 1954):

$$|K|^2_{\mathrm{ice},\,\rho=0.92\ \mathrm{g/cm}^3} \approx 0.18, \qquad |K|^2_{\mathrm{water},\,T=-8\,°\mathrm{C}} \approx 0.84, \qquad |K|^2_{\mathrm{water},\,T=20\,°\mathrm{C}} \approx 0.91 \tag{2.3}$$

Wegen der Differenz der Dielektrizitätsfaktoren zwischen Wasser und Eis ist der Rückstreuquerschnitt σ für homogene, kugelförmige Hydrometeore des gleichen Durchmessers bis zu 5 mal stärker für Wasserpartikel als für Eispartikel. Der Durchmesser eines Eishydrometeors muss gegenüber dem eines Wasserhydrometeors um ca. 30 % größer sein, um diesen Unterschied zu kompensieren.

2.2 Dämpfung

Die Dämpfung elektromagnetischer Strahlung in der Atmosphäre wird wesentlich durch Gase und Hydrometeore bestimmt. Signifikant dämpfende Gase sind dabei lediglich Sauerstoff und Wasserdampf. Die Dämpfung dieser beiden Gase nimmt grob mit der Frequenz der Strahlung zu (Abb. 2.2). Für Radar-Strahlung geringer Frequenz (Niederschlagsradar) ist die Dämpfung pro Kilometer klein ($< 0.01\,\mathrm{dB/km}$). Oberhalb etwa 10 GHz befinden sich erste ausgeprägte Absorptionsbanden des Wasserdampfs und des Sauerstoffs. Die Wahl der typischen Radarfrequenzen für Wolkenradare wird in Abhängigkeit dieser Absorptionsbanden getroffen und orientiert sich an den so genannten Absorptionsfenstern zwischen den Absorptionsbanden, bei 35 GHz und 95 GHz . Mit der Annahme einer homogenen Wasserdampf-Verteilung von $7.5\,\mathrm{g/m}^3$ (entspricht Wasserdampfsättigung bei etwa 6.5 °C) ergibt sich nach Sauvageot (1992) für Messungen mit einem 35 GHz-Radar (MIRA36-S) eine maximale Dämpfung durch atmosphärische Gase von weniger als 0.1 dB/km. Bei MIRA36-S wird der Radarstrahl daher, bei maximaler Reichweite von 15 km, auf dem Weg zu den Streuern in 15 km Entfernung und wieder zurück um bis zu $\approx 3\,\mathrm{dB}$ gedämpft. Hydrometeore absorbieren ebenfalls elektromagnetische Strahlung und tragen zur Dämpfung bei. Betrachtet man zunächst die Absorption kleiner Hydrometeore, bzw. Wolkenpartikel, ergibt sich der Absorptionsquerschnitt σ_a in Rayleigh-Näherung für kleine Tropfen zu (Doviac und Zrnic, 1984):

$$\sigma_a = \frac{\pi^2}{\lambda} \mathrm{Im}(-K) \sum_{n=1}^{N} D_n^3 \tag{2.4}$$

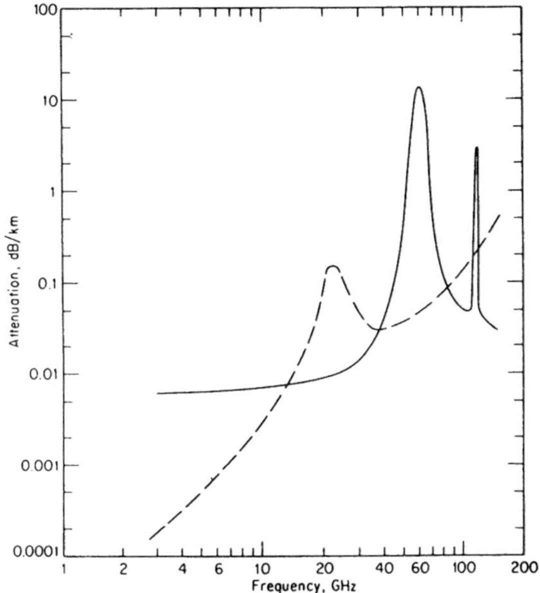

Abbildung 2.2: Dämpfung in dB/km (Einweg) durch Sauerstoff (durchgezogene Linie) und Wasserdampf ($7.5\,\text{g/m}^3$, gestrichelte Linie) für Normaldruck ($1013\,\text{hPa}$) als Funktion der Frequenz in GHz, aus Sauvageot (1992).

Dabei bezeichnet Im den Imaginärteil und N ist die Anzahl der Tropfen, die zur Dämpfung beitragen. Aus Gl. 2.4 geht hervor, dass Verluste durch Absorption in Rayleigh-Näherung proportional zum Flüssigwassergehalt ($M = \pi/6\,\rho \sum_V D^3$ [g/m^3], ρ ist die Dichte in g/m^3) entlang des Strahlwegs sind. Im Vergleich zum Streuquerschnitt ist der Parameter D/λ um 3 Potenzen geringer vertreten. Dadurch ist die absorbierte Energie besonders bei kleinen Tropfen deutlich größer als die gestreute. Bei großen Tropfen ($D/\lambda \gtrsim 1/10$) kehrt sich diese Eigenschaft um, und die gestreute Energie übersteigt die absorbierte. Während die Dämpfung von Wolkeneis gering ist (< 0.01 ($\text{dB/km})/(\text{g/m}^3$), Sauvageot (1992)), kann die Dämpfung von Wolkentropfen 0.1 ($\text{dB/km})/(\text{g/m}^3$) überschreiten, abhängig von der Radar-Wellenlänge. Dabei gilt: Je kürzer die Wellenlänge, desto höher die Dämpfung. Für MIRA36-S liegt die Dämpfung an Wolkentropfen abhängig von der Temperatur unter der Annahme von Rayleigh-Näherung für einen Luftdruck von $1013\,\text{hPa}$ zwischen 0.5 ($\text{dB/km})/(\text{g/m}^3$) und 2 ($\text{dB/km})/(\text{g/m}^3$) (Meneghini und Kozu, 1990; Sauvageot, 1992). Zu beachten ist allerdings, dass die Dämpfung in der Rayleigh-Näherung nur für Durchmesser von $D < \lambda/100$ für Wassertropfen und $D < \lambda/2$ für Eiskugeln gültig ist und für größere Durchmesser unterschätzt wird (Blahak, 2005). Die stärkste Dämpfung elektromagnetischer Strahlung ist im Niederschlag zu beobachten. Die großen Hydrometeore können dabei, abhängig von der Radar-Wellenlänge, eine Dämpfung von mehreren $(dB/km)/(g/m^3)$ verursachen.

2.3   Radargleichung

Der Zusammenhang zwischen der gesendeten Leistung P_T und der empfangenen Leistung P_R für Einzelstreuer wird mit der Radargleichung für meteorologische Radare hergestellt. Verschieden ausführliche Formen der Gleichung sind in der einschlägigen Literatur beschrieben (z.B. Battan, 1973; Sauvageot, 1992; Rinehart, 1981; Doviac und Zrnic, 1984). Die Radargleichung ist in Kurzform gegeben zu (Probert-Jones, 1962):

$$P_R = C\frac{P_T}{R^2} \sum_{\Delta V} \sigma_i \qquad (2.5)$$

Dabei ist C eine Konstante, die von den Radareigenschaften abhängt, wie beispielsweise die Wellenlänge λ, der Antennengewinn G, der Antennenöffnungswinkel θ_a, Verluste am Sender und Empfänger. Der Antennengewinn ist ein Maß für die Richtwirkung und den Wirkungsgrad einer Antenne. Hierfür wird die abgestrahlte Leistung der Antenne mit einer verlustlosen Bezugsantenne (homogene Abstrahlung in alle Richtungen) gleicher Sendeleistung verglichen. σ ist der Rückstreuquerschnitt eines einzelnen Streuers in der Rayleigh-Näherung (Gl. 2.1). Der Index i bezieht sich dabei auf einen einzelnen Streuer innerhalb eines Volumenausschnitts. Dieser Volumenausschnitt wird auch Range Gate genannt. Der Begriff Range Gate findet in dieser Arbeit mehrfach Verwendung zur Beschreibung der Volumenausschnitte innerhalb eines Radarstrahls. Der Volumenausschnitt ergibt sich aus der radialen Auflösung von ΔR und der Fläche, die abhängig von der Entfernung R zum Radar mit dem rotationssymmetrischen Antennenöffnungswinkel θ_a aufgespannt wird:

$$\Delta V = \Delta R \frac{\pi \, \theta_a^2}{8 \ln 2} R^2 \qquad (2.6)$$

Die Summe über alle im Range Gate befindlichen Streu-Elemente ist die Reflektivität η:

$$\begin{aligned}
\eta &= \int_0^\infty \sigma(D) \, N_P(D) \, dD \\
&= \frac{\pi^5}{\lambda^4} |K|^2 \int_0^\infty N_P(D) \, D^6 \, dD \\
&= \frac{\pi^5}{\lambda^4} |K|^2 Z
\end{aligned} \qquad (2.7)$$

$N_P(D)$ ist die Partikelgrößenverteilung und das Integral darüber ist der Reflektivitätsfaktor Z. Dieser wird in den Einheit mm^6/m^3 angegeben. Da sich die Werte von Z über mehrere

Größenordnungen erstrecken können, wird in der Regel der Logarithmus des Verhältnisses von Z zu $Z_0 = 1\,\mathrm{mm}^6/\mathrm{m}^3$ verwendet:

$$\zeta = 10\,\log_{10}\frac{Z}{Z_0} \tag{2.8}$$

Zu beachten ist, dass der Herleitung der Radargleichung und der Anwendung folgende vereinfachende Annahmen zugrunde liegen:

- Der Wert für $|K^2|$ ist fest. Dadurch ist der Aggregatzustand und die Temperatur der Streuer im Messvolumen festgelegt.

- Die Streuer sind klein im Vergleich zur Wellenlänge (Rayleigh-Näherung).

- Mehrfachstreuung wird vernachlässigt.

- Konstante Hardwarekomponenten, die Wellenlänge und die Sendeleistung, werden vorausgesetzt.

- Der Reflektivitätsfaktor gilt im gesamten Streuvolumen gleichermaßen. Es kann keine Feinstruktur des Streuvolumens gemessen werden. Gemessen wird der Mittelwert der Reflektivität in einem Streuvolumen.

Dies sind ebenfalls Fehlerquellen, die bei der Interpretation des Gemessenen berücksichtigt werden sollten.

2.4   Geschwindigkeit von Streuelementen

Neben der empfangenen Leistung und der daraus folgenden Reflektivität, kann mit den meisten Radaren heutzutage auch die Geschwindigkeit von Streuelementen bestimmt werden. Die mit Doppler-Radaren gemessene Radialkomponente der Geschwindigkeit der Streuer $v_{r,S}$ setzt sich dabei zusammen aus der dreidimensionalen Windgeschwindigkeit $\vec{v}_W$ und der Sedimentationsgeschwindigkeit w_P der Streuer, wobei letztere von der Form und Dichte der Streuer abhängt.

$$v_{r,S} = \vec{v}_S \cdot \vec{e}_r$$
$$\vec{v}_S = \beta\,\vec{v}_W - w_P\,\vec{k} \tag{2.9}$$

Hierbei ist $\vec{e}_r$ der Einheitsvektor in radialer Richtung vom Radar zum Streu-Ort. Größere Partikel folgen nicht trägheitslos dem Wind, dies ist mit dem Korrekturfaktor β berücksichtigt. Kann die Antenne nicht bewegt werden (trifft weltweit auf die meisten Wolkenradare zu), sind vertikale Doppler-Messungen möglich und die Vertikalgeschwindigkeit der Streuer wird gemessen. In diesem Fall spielt die horizontale Windkomponente keine Rolle und Gleichung 2.9 vereinfacht sich zu $v_{r,S} = v_S = \beta\, w_W - w_P$ (Abb.2.3). Ist die Antenne beweglich (MIRA36-S) werden radiale Geschwindigkeiten abhängig vom Azimut (α) und von der Elevation (ϵ) gemessen (Abb.2.3). Dabei wird die Horizontalkomponente der Streuergeschwindigkeit hauptsächlich durch den vorherrschenden Horizontalwind bestimmt.

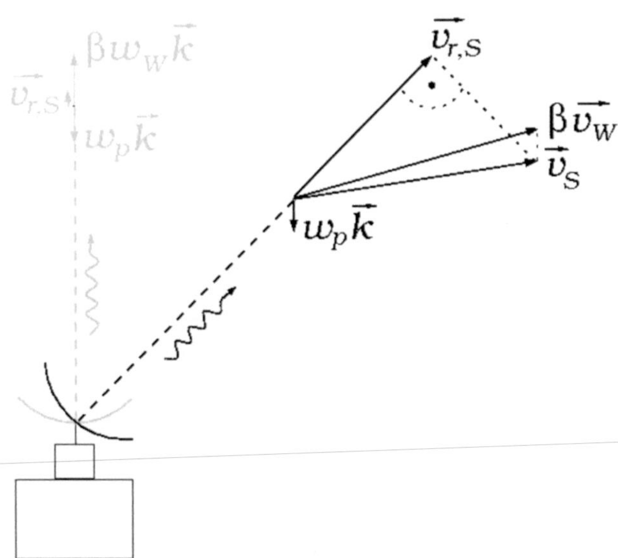

Abbildung 2.3: Schematische Darstellung der Doppler-Messung der Radialgeschwindigkeit der Streuer und deren Abhängigkeiten am Beispiel von $\beta = 1$, $\vec{v}_W = (7\,\text{m/s}, 0\,\text{m/s}, 1.5\,\text{m/s})$ und $w_P = 1\,\text{m/s}$ für Doppler-Messungen im Zenit (grau) und in $\epsilon = 45\,°$ (schwarz)

Die Messung der Geschwindigkeit der Streuer $v_{r,S}$ erfolgt über die Differenz der Phasenänderung zum Zeitpunkt t_i des empfangenen Pulses im Vergleich zum gesendeten Puls und der Phasenänderung des nachfolgenden Pulses zum Zeitpunkt t_{i+1}.

2.4.1 Entfaltung

Für Radargeräte, wie MIRA36-S, die eine gepulste elektromagnetische Welle abstrahlen, ist, abhängig von der Pulswiederholrate $f_P = 1/(t_{i+1} - t_i)$ und der Wellenlänge λ, die eindeutige maximal detektierbare Geschwindigkeit (s. Gl. 2.10) begrenzt und eine Faltung der gemessenen Radialgeschwindigkeit tritt auf. Gefaltete Geschwindigkeiten erschweren die Interpretation der gemessenen Geschwindigkeiten und deren weitere Analyse. Eine Auswertung der Doppler-Messungen wird erst möglich, wenn diese zuvor entfaltet werden.

Faltung tritt auf, wenn sich die Phase zwischen zwei Pulsen um mehr als $\pm 180\,°$ ändert und die maximal eindeutig messbare Geschwindigkeit überschritten wird. Diese Geschwindigkeit, die so genannte Nyquist-Geschwindigkeit

$$v_N = \frac{\lambda\, f_P}{4} = \frac{c\, f_P}{4\, f},\tag{2.10}$$

wird durch die maximale eindeutige Phasenverschiebung von $\pm\pi$ begrenzt. Hierbei ist c die Lichtgeschwindigkeit, f_P die Pulswiederholrate, λ die Wellenlänge und f die Frequenz des gesendeten Signals. Für MIRA36-S ($f = 35.5\,\mathrm{GHz}$ und $f_P = 5\,\mathrm{kHz}$) ergibt sich eine Nyquist-Geschwindigkeit von $v_N = 10.56\,\mathrm{m/s}$ (siehe auch Kap. 3.4.3). Abhängig vom Scanverfahren können verschiedene Entfaltungsmethoden angewendet werden. In dieser Arbeit werden zwei Methoden verwendet. Einerseits wird die Entfaltung von Geschwindigkeiten bei konstanter Elevation ϵ und variablem Azimut α (so genannte PPI-Scans, siehe auch Kap. 3.2) und andererseits die Entfaltung von Dopplergeschwindigkeiten bei variabler Elevation ϵ und konstantem Azimut α (so genannte RHI-Scans, siehe auch Kap. 3.2) angewandt. Die Entfaltung der Geschwindigkeitsdaten von PPI-Scans wird mit Hilfe eines erweiterten VAD-Verfahrens (Kap. 2.4.2) ermöglicht und ist im anschließenden Kapitel dokumentiert.

Die Entfaltung der Geschwindigkeitsdaten von RHI-Scans basiert im Wesentlichen auf einem Verfahren nach Hennington (1981). Dabei werden gefaltete Geschwindigkeiten mit Hilfe eines radialen Hintergrundwindfeldes $v_b(R, \epsilon)$ (b für background) identifiziert und entfaltet. Die Berechnung des radialen Hintergrundwindfeldes basiert auf einem Profil des Horizontalwinds aus Modelldaten oder Messungen (z.B. von Radiosondenaufstiegen, Radar-, Lidarprofilern).

Zur Detektion der Orte der Faltung wird eine Faltungszahl $\hat{n}(R, \epsilon)$, nach Hennington (1981) bestimmt. Sie ist definiert zu

$$\hat{n}(R, \epsilon) = \frac{v_b(R, \epsilon) - v_{r,S}(R, \epsilon)}{2\, v_N}\tag{2.11}$$

Mit der Annahme, dass die Differenz zwischen den Werten des Hintergrundwindfeldes und dem wahren Windfeld klein sind, verglichen mit $2\, v_N$ (21.12 m/s für MIRA36-S), sind die Faltungszahlen dicht um ganze Zahlen gruppiert. Daher können die Faltungszahlen $\hat{n}$ durch Rundung ganzen Faltungszahlen n (so genannte Nyquistzahlen) zugeordnet werden. Die Richtung der Faltung und die Anzahl der Faltungen wird somit durch ganze Zahlen n wiedergegeben. Die wahre, entfaltete Geschwindigkeit kann dann berechnet werden zu

$$v_r(R, \epsilon) = v_{r,S}(R, \epsilon) + 2\, n(R, \epsilon)\, v_N\tag{2.12}$$

2.4.2   VAD-Verfahren

Messungen der radialen Streuergeschwindigkeit v_r in einem festen radialen Abstand R vom Radar unter einem Elevationswinkel ϵ als Funktion des Azimuts α (PPI-Scan, siehe auch Kap. 3.2) bilden die Basis des VAD-Verfahrens. Mit der radialen Streuergeschwindigkeit ist es möglich die Windrichtung, sowie Winddrehungen aus einem so genannten PPI(V)-Diagramm (V steht für Velocity) per Auge abzuleiten. Dies lässt sich auch automatisieren und mit dem VAD-Verfahren detaillierter darstellen. Das VAD-Verfahren wurde von Browning und Wexler (1968) für meteorologische Radare großer Wellenlänge (Niederschlagsradare) entwickelt und ist auch auf Messungen mit Wolkenradaren übertragbar. Ziel ist es, mit diesem Verfahren einzelne Geschwindigkeitskomponenten abzuleiten. Dabei wird angenommen, dass sich die horizontale Geschwindigkeit linear entwickeln lässt. Dann ergibt sich für die, vom Azimut abhängige, Geschwindigkeit $\vec{v}_S(\alpha)$:

$$\vec{v}_S(\alpha) = \begin{pmatrix} u_0 + \dfrac{\partial u}{\partial x}\,R\,\sin\alpha + \dfrac{\partial u}{\partial y}\,R\,\cos\alpha \\[1.5em] v_0 + \dfrac{\partial v}{\partial x}\,R\,\sin\alpha + \dfrac{\partial v}{\partial y}\,R\,\cos\alpha \\[1.5em] w - w_p \end{pmatrix} \tag{2.13}$$

Dabei ist das Koordinatensystem so angelegt, dass die Abszisse nach Osten und die Ordinate nach Norden zeigt ($\alpha = 0°$ ist Norden). Die Sedimentationsgeschwindigkeit w_p, sowie die Änderungen der horizontalen Geschwindigkeitskomponenten in x- und y-Richtung $\partial u/\partial x$, $\partial u/\partial y$, $\partial v/\partial x$, $\partial v/\partial y$ werden als konstant angenommen.

Die radiale Geschwindigkeit, die im VAD dargestellt ist, ergibt sich zu:

$$v_{r,S}(\alpha) = \vec{v}_S(\alpha)\,e_r(\alpha) \tag{2.14}$$

mit

$$e_r(\alpha) = \begin{pmatrix} \sin\alpha\ \cos\epsilon \\[1em] \cos\alpha\ \cos\epsilon \\[1em] \sin\epsilon \end{pmatrix} \tag{2.15}$$

was der Strahlrichtung des Radars entspricht. Das Resultat lässt sich als Fourierreihenentwicklung von $v_{r,S}(\alpha)$ schreiben (Abbruch nach zweitem Reihenglied):

$$v_{r,S}(\alpha) = \frac{a_0}{2} + \sum_{n=1}^{2}(a_n\,\cos(n\alpha) + b_n\,\sin(n\alpha)) \tag{2.16}$$

mit

$$a_0 = R\,\cos(\epsilon)\left(\frac{\partial u}{\partial x} + \frac{\partial v}{\partial y}\right) + 2\,(w - w_p)\,\sin\epsilon$$

$$a_1 = v_0\,\cos\epsilon$$

$$b_1 = u_0\,\cos\epsilon$$

$$a_2 = \frac{R}{2}\,\cos\epsilon\left(\frac{\partial v}{\partial y} - \frac{\partial u}{\partial x}\right) \tag{2.17}$$

$$b_2 = \frac{R}{2}\,\cos\epsilon\left(\frac{\partial u}{\partial y} + \frac{\partial v}{\partial x}\right)$$

Nur wenn auf dem gesamten Kreisring Daten vorhanden sind, ist es sinnvoll die horizontale Divergenz ($\nabla_h \cdot \vec{v}_h = \partial u/\partial x + \partial v/\partial y$), die in Konkurrenz zur vertikalen Geschwindigkeitskomponente ($w - w_p$) steht, die Streckungsdeformation ($\partial v/\partial y - \partial u/\partial x$) und die Scherungsdeformation ($\partial u/\partial y + \partial v/\partial x$) zu berechnen, da die Fehler sonst zu groß werden. Zuverlässiger gestaltet sich die Berechnung des Horizontalwindes (u_0 und v_0). Sind wenig Messdaten auf einem Kreisring vorhanden, wird statt der Fourieranalyse eine Minimierung zwischen den gemessenen Werten und der Fitkurve durchgeführt, indem man u_0 und v_0 variiert. Der Horizontalwind ist dann repräsentativ für jene Bereiche auf einem Kreisring, in denen Streuer detektiert werden konnten.

Entfaltung Tritt für manche Range Gates auf einem Kreisring Faltung auf, verfälschen diese Werte die Berechnung der Horizontalgeschwindigkeiten. Um dem zu entgehen, wird das Verfahren durch Tabary et al. (2001) erweitert und die Fourierentwicklung erster Ordnung der Geschwindigkeit $v_{r,S}$ nach dem Azimut differenziert:

$$\frac{dv_{r,S}}{d\alpha} = a_1\,\cos\alpha + b_1\,\sin\alpha \tag{2.18}$$

Faltungssprünge lassen sich dadurch leicht detektieren, da sie große, unplausible differentielle Radialgeschwindigkeiten erzeugen. Zur Entfaltung der restlichen differentiellen Radialgeschwindigkeiten berechnen Tabary et al. (2001) zuerst den besten Fit an die gemessene Kurve und erhalten damit Werte für a_1 und b_1. Diese werden in die modifizierte Gleichung 2.16 (Abbruch nach dem ersten Reihenglied und $a_0 = 0$) eingesetzt und die daraus berechnete Kurve der Radialgeschwindigkeiten als Funktion des Azimuts mit den gemessenen Radialgeschwindigkeiten verglichen. Werte der gemessenen Radialgeschwindigkeiten, die mehr als $\mid v_N \mid$ (Gl. 2.10) von der berechneten Kurve abweichen, werden um $2 \mid v_N \mid$ in die richtige Richtung verschoben. Damit liegen die gemessenen Radialgeschwindigkeiten entfaltet vor und können mit dem VAD-Algorithmus nach Browning und Wexler (1968) ausgewertet werden.

3 Wolkenradar MIRA36-S

3.1 Technische Eigenschaften

Die in diesem Kapitel beschriebenen Eigenschaften basieren im Wesentlichen auf dem Handbuch des Herstellers des Wolkenradars MIRA36-S. MIRA36-S (35.5 GHz) ist ein scannendes, Dopplerfähiges, polarimetrisches Wolkenradar, das zwei symmetrische Empfänger für den simultanen Empfang des Co- und Cross-polarisierten Signals hat. Die Cassegrain-Antenne ermöglicht Antennenbewegungen mit Azimutwinkeln α von $0\,°$ bis $360\,°$ und Zenitwinkeln ϵ_Z bis zu $45\,°$. In Tab. 3.1 sind die wichtigsten technischen Details zusammengestellt. Manche Radarparameter, wie Pulsdauer τ und Pulswiederholrate f_P sind innerhalb bestimmten Grenzen variierbar. Die in Tab. 3.1 fett gekennzeichneten Werte wurden für die in dieser Arbeit analysierten Daten gewählt. Weitere Radargrößen werden im Folgenden angesprochen.

Die Wellenlänge λ des gesendeten Signals ist

$$\lambda = \frac{c}{f} = 8.44 \text{ mm} \tag{3.1}$$

mit der Vakuum-Lichtgeschwindigkeit c. Die Pulslänge ergibt sich zu

$$s_\tau = c\tau = 59.96 \text{ m} \approx 60 \text{ m} \tag{3.2}$$

Die Entfernungsauflösung wird aus der zeitlichen Differenz zwischen gesendetem und empfangenem Puls berechnet:

$$\Delta R = \frac{c\tau}{2} = 29.98 \text{ m} \approx 30 \text{ m} \tag{3.3}$$

Für eine eindeutige Bestimmung des maximalen Messbereichs muss der Puls reflektiert, bzw. am Empfänger gemessen worden sein, bevor der nächste gesendet wird. Es gilt:

$$R_{\max} = \frac{c\,t_P}{2} = \frac{c}{2\,f_P} = 30 \text{ km} \tag{3.4}$$

Durch die Radarsoftware, die 512 Range Gates zulässt, wird die Reichweite auf 15 km begrenzt.

Radartyp	monostatisch, gepulst, Magnetron
Sendefrequenz f	35.5 GHz
Mittlere Sendeleistung P_T	30 kW
Antennenbauweise	Cassegrain
Antennendurchmesser	1.2 m
Antennengewinn G	50.4 dB
Antennenöffnungswinkel θ_a	$0.52°$
Antennenpositionierungsgenauigkeit	$0.1°$
Scanbereich azimutal α	$0°$ bis $360°$
Scanbereich zenital ϵ_Z	$-45°$ bis $45°$
Scangeschwindigkeit $\omega_\alpha, \omega_{\epsilon_Z}$, beide Richtungen	**$6°/$s**, $0°/$s bis $10°/$s
Maximale Beschleunigung, beide Richtungen	$10°/s^2$
Leistungsverluste $L_v\,F_R$	7 dB
Pulsdauer τ	100 ns, **200 ns**, 400 ns
Pulswiederholfrequenz (PRF) f_P	2.5 kHz, **5 kHz**, 10 kHz
Empfänger-Bandbreite B_R	5 MHz
FFT-Länge n_{FFT}	128, **256**, 512, 1024 Puls-Zyklen

Tabelle 3.1: MIRA36-S: Technische Eigenschaften, **fett** hervorgehoben sind die in dieser Arbeit verwendeten Einstellungen.

3.2 Abtastverfahren

Eine Besonderheit des Wolkenradars MIRA36-S ist seine Eigenschaft, in gewissen Grenzen Azimut und Elevation der Antenne zu variieren (Scan-Fähigkeit). Mit diesen Eigenschaften kann das Wolkenradar einerseits eingesetzt werden, um konventionell vertikal zu messen, andererseits aber auch zweidimensionale oder dreidimensionale Atmosphärenbereiche abzutasten. Für mehrdimensionale Messungen unterscheiden wir in RHI[1]- und PPI-Scans. Die Scangeschwindigkeit wurde hierfür auf $6\,°/s$ festgelegt.

Während eines RHI-Scans wird der Azimut konstant gehalten (meist in Richtung der mittleren Windrichtung) und die Antennenposition nur im Zenitwinkel verändert. Dieser Vorgang benötigt 15 Sekunden bei einer Scangeschwindigkeit von $6\,°/s$. Dadurch wird ein vertikaler zweidimensionaler Kegelschnitt durch die Atmosphäre ermöglicht, und die Entwicklung einer Wolke im Vertikalschnitt kann über mehrere Scans verfolgt werden. Die Auflösung der in dieser Arbeit verwendeten RHI-Scans in der Elevation beträgt

$$\Delta\epsilon = \omega_{\epsilon_Z}\frac{n_{\mathrm{FFT}} \times n_S}{f_P} = 1.23\,° \tag{3.5}$$

Dabei ist $\omega_{\epsilon_Z} = 6\,°/s$ die Antennengeschwindigkeit in der Elevation, $n_{\mathrm{FFT}} = 256$ die Anzahl der Pulszyklen pro FFT, $n_S = 4$ die Anzahl der Spektren (FFTs) über die gemittelt wird und $f_P = 5\,\mathrm{kHz}$ die Pulswiederholfrequenz (PRF).

Während eines PPI-Scans wird der Zenitwinkel konstant gehalten und der Azimut verändert (Kegelmantel-Schnitt). Ein voller PPI-Scan dauert 60 Sekunden bei einer Scangeschwindigkeit von $\omega_\alpha = 6\,°/s$. Dieses Scanverfahren wird meist angewendet, um die horizontale Windrichtung und Windgeschwindigkeit abzuschätzen (siehe Kap. 2.4.2). Die Auflösung im Azimut entspricht der Auflösung in der Elevation während eines RHI-Scans und beträgt $\Delta\alpha = 1.23\,°$ bei $\omega_\alpha = 6\,°/s$.

3.3 Mittelung der Pulse

Die Amplitude und Phase der gestreuten elektromagnetischen Wellen von allen Partikeln innerhalb des Radarpulses unterliegen Interferenzen und sind zufällig. Atmosphärische Partikel sind unterschiedlich groß, nicht stationär und nicht im konstanten Abstand zu ihren Nachbarpartikeln. So lässt sich mit einem einzelnen Puls nur ein zufälliger Aufenthaltsort und eine turbulenzabhängige zufällige Geschwindigkeit der Hydrometeore in einem Range Gate erfassen. Ziel ist es allerdings, den mittleren Zustand der Streuer im Range Gate zu bestimmen. Deshalb ist es notwendig, eine gewisse Anzahl an Pulsen zu mitteln, um den mittleren Zustand

---

[1] **Range Height Indicator**

im Hinblick auf die Rückstreueigenschaften und Partikelgeschwindigkeiten im Range Gate zu erhalten. Eine wichtige Größe hierbei ist die Dekorrelationszeit. Idealerweise sollten mehrere voneinander unabhängige Werte gemittelt werden. Wenn man sich beispielsweise vorstellt, dass zwei fiktive Streuer in einem Range Gate vorhanden wären, würde eine doppelte Amplitude gemessen werden, wenn deren Abstand genau $\Delta R = \lambda/2$ wäre (bzw. eine Amplitude von 0, wenn deren Abstand genau $\Delta R = \lambda/4$ wäre). Wenn nur wenige aufeinander folgende Pulse gemittelt würden, würde dieser Extremwert das Ergebnis bestimmen. Die Zeit, die die Partikel innerhalb eines Range Gates benötigen, um sich umzugruppieren, ist die Dekorrelationszeit

$$\tau_D = 0.2 \frac{\lambda}{\sigma_V} \tag{3.6}$$

Dabei entspricht σ_V der Standardabweichung der Teilchengeschwindigkeiten. Diese liegt abhängig von der Turbulenz nach Sauvageot (1992) zwischen $\sigma_V = 0.5$ m/s (geringe Turbulenz) und $\sigma_V = 5$ m/s (starke Turbulenz). Das heißt, dass die Dekorrelationszeit für $\lambda = 8.4$ mm Werte zwischen 0.3 ms ($\sigma_V = 5$ m/s) und 3.4 ms ($\sigma_V = 0.5$ m/s) annehmen kann. Weiterhin ist aus Sauvageot (1992) bekannt, dass mehr als 30 unabhängige Pulse, bzw. 30 Dekorrelationszeiten notwendig sind, um den mittleren Zustand der Partikel im Range Gate messen zu können.

Die Mittelung der Pulse erfolgt für MIRA36-S mit Hilfe der diskreten FFT über eine gewisse Anzahl an Pulsen ($n_{\mathrm{FFT}} = 256$, siehe Tab. 3.1) und einer anschließenden Mittelung (hier über $n_S = 4$ FFTs). Dies entspricht für die in dieser Arbeit durchgeführten Messungen einer Mittelung über $n_{\mathrm{FFT}} \times n_S = 1024$ Pulse und einer Mittelungszeit t_M von

$$t_M = \frac{n_{\mathrm{FFT}} \times n_S}{f_P} = 205 \text{ ms} \tag{3.7}$$

Mit $t_M = 205$ ms werden 60 bis 680 Dekorrelationszeiten (abhängig vom Grad der Turbulenz), bzw. unabhängige Pulse zur Mittelung verwendet. Diese Mittelung reicht aus, um die Amplitude des mittleren Eingangssignals repräsentativ für alle Streuer innerhalb eines Range Gates zu bestimmen.

Aus dem Mittel über $n_S = 4$ FFTs werden im nächsten Schritt drei spektrale Momente, die mittlere Leistung P_R, die Doppler-Geschwindigkeit v_r und die spektrale Breite σ_{v_r} berechnet. Dabei ist die mittlere Leistung proportional zum mittleren Quadrat der Amplitude des gemittelten Eingangssignals. Die Doppler-Geschwindigkeit entspricht der mittleren radialen Streuergeschwindigkeit innerhalb eines Range-Gates und die Doppler-Streubreite gibt die Inhomogenität der einzelnen Streuergeschwindigkeiten innerhalb eines Range Gates an. Die Doppler-Geschwindigkeiten und die Doppler-Streubreite werden in Strahlrichtung gemessen, abhängig von Zenitwinkel und Azimut.

3.4 Messgrößen

3.4.1 Reflektivität

Die Reflektivität wird nicht direkt gemessen, sondern muss über das Signal-Rausch-Verhältnis (SNR[1]) mit der Radargleichung (Kap. 2.3) berechnet werden. Das Signal-Rausch-Verhältnis ist

$$\mathrm{SNR} = \frac{P_R}{P_N} \tag{3.8}$$

mit der mittleren empfangenen Leistung P_R (Gl. 2.5) und der thermischen Rauschleistung des Empfängers

$$P_N = k_B\, T_0\, F_R\, B_R = k_B\,(T_0 + T_N)\, B_R \tag{3.9}$$

Dabei ist $k_B = 1.38\,10^{-23}$ J/K die Boltzmann-Konstante, $T_0 = 290$ K die Referenztemperatur zur Bestimmung der Rauschzahl $F_R = 3.4$ dB. Die Rauschtemperatur ist $T_N = T_0(F_R - 1)$ und $B_R = 5$ MHz die Bandbreite des Empfängers (s. Tab. 3.1).

Kombination der Gln. 2.5, 3.8, 3.9 liefert die Berechnung des Reflektivitätsfaktors

$$Z = \frac{\mathrm{SNR}\; P_N\, R^2}{C} = \frac{P_R\, R^2}{C} \tag{3.10}$$

mit der Radarkonstanten

$$C = \frac{P_T\, G^2\, \Delta R\, \theta_a^2\, \pi^3\, |K|^2}{512\,\ln 2\, L_v\, \lambda^2} = 2 \times 10^{14}\,\frac{\mathrm{W}}{\mathrm{m}} \tag{3.11}$$

Die verwendeten Größen sind in Tab. 3.1 aufgeführt. Es folgt die Umrechnung des Reflektivitätsfaktors Z in das logarithmische Maß ζ nach Gl. 2.8. In den folgenden Kapiteln dieser Arbeit wird ausschließlich der logarithmierte Reflektivitätsfaktor besprochen und die Reflektivität η taucht nicht wieder auf. Deshalb wird nachfolgend für den logarithmierten Reflektivitätsfaktor die im meteorologischen Sprachgebrauch übliche Bezeichnung Reflektivität verwendet.

3.4.2 Lineares Depolarisationsverhältnis

Das Lineares Depolarisationsverhältnis (LDR) zeigt an, wieviel Leistung im Cross-Kanal (Polarisationsebene orthogonal zum gesendeten Signal), relativ zur Leistung im Co-Kanal (gleiche Polarisationsebene wie das gesendete Signal) empfangen wird. Nicht rotationssymmetrische Streu-Elemente, deren Hauptachse nicht in Richtung des elektrischen Feldes des gesendeten Radarstrahls ausgerichtet ist, depolarisieren einen kleinen Teil der Energie des gesendeten Signals, d.h. die Polarisationseben ändert sich. Dadurch wird im Co-Kanal und im Cross-Kanal jeweils ein Anteil des rückgestreuten Signals empfangen. Das lineare Depolarisationsverhältnis L [dB]

---

[1] Signal to Noise Ratio

ist definiert als das Verhältnis der zurückgestreuten Leistung im Cross-Kanal zur rückgestreuten Leistung im Co-Kanal und wird bestimmt aus dem logarithmierten Verhältnis der beiden Reflektivitätsfaktoren auf dem Co-Kanal (CO) und Cross-Kanal (CX):

$$L = 10 \log_{10} \left(\frac{Z_{CX}}{Z_{CO}} \right) = \zeta_{CX} - \zeta_{CO} \text{ in dB} \tag{3.12}$$

Das LDR ist abhängig vom Orientierungswinkel der Streu-Elemente. Es ist klein für kugelförmige Streu-Elemente, die unabhängig vom Orientierungswinkel sind. Das LDR erreicht maximale Werte für achsensymmetrische Streu-Elemente, die in einem Orientierungswinkel von $45\,°$ vorliegen. Betrachtet man ein Streuensemble, ist das LDR ein Maß für die Abweichung der Form der Streuer von der Kugelform. Hierbei spielt nicht nur die Form, sondern auch das Verhalten der Streuer während des Fallens eine Rolle. Je komplexer die Streu-Elemente innerhalb eines Range Gates sind, und je mehr fallende Streuer taumeln, desto größer wird das LDR. Typischerweise sind die Werte des LDR für Range Gates, in denen nur Regentropfen vorliegen, niedriger gegenüber den Werten für Range Gates, in denen sich ausschließlich Eispartikel befinden. Die höchsten Werte des LDR werden für nicht-meteorologische Streu-Elemente in der Grenzschicht (Insekten, Staub, usw.) und für nasse Eispartikel (Schmelzschicht) erreicht (Abb.3.1).

3.4.3   Geschwindigkeitsgrößen

Wie zuvor bereits beschrieben, strahlt das Wolkenradar Pulse elektromagnetischer Energie ab und empfängt ein Signal, das hauptsächlich durch meteorologische Ziele (z.B. Eiskristalle, -partikel, Wassertröpfchen) rückgestreut wird. Das rückgestreute Signal kann als komplexes Signal betrachtet werden (IQ-Signal). Aus der Veränderung der Phase des Signals lässt sich auf die (radiale) Geschwindigkeit schließen.

Die radiale Dopplergeschwindigkeit läßt sich technisch nicht direkt aus der Dopplerverschiebung eines Pulses bestimmen, denn selbst für sehr hohe Radialgeschwindigkeiten von z.B. 30 m/s wäre die Dopplerverschiebung klein ($f_D \approx 7\,\text{kHz}$). Mit einer Sendepulsdauer von $\tau = 200\,\text{ns}$ ergibt sich eine Frequenzunbestimmtheit von $1/\tau = 5\,\text{MHz}$. Änderungen der Empfangsfrequenz von weniger als $5\,\text{MHz}$ können demnach nicht direkt erfasst werden.

Die radiale Dopplergeschwindigkeit läßt sich aber abhängig vom Radartyp über folgende Methoden abschätzen. Eine häufig verwendete Methode ist das so genannte „Pulse-Pair-Verfahren". Hierbei werden die Phasen zweier aufeinanderfolgender Pulse bestimmt. Die Phasenänderung des komplexen Empfangssignals (IQ-Signal) von Puls zu Puls enthält dann die Information über die Bewegung der Ziele. Aus der Änderung der empfangenen Phase φ_r mit der Zeit kann damit die Dopplergeschwindigkeit v_r berechnet werden:

$$\frac{d\varphi_r}{dt} = 2\pi f_D = -\frac{4\pi}{\lambda} v_{r,S} \approx \frac{\Delta\varphi_r}{\Delta t} = \Delta\varphi_r\, f_P \tag{3.13}$$

Dabei ist f_P (hier: 5 kHz) die Pulswiederholfrequenz, $\lambda = 8.44$ mm die Radarwellenlänge und $f_D = -2\,v_{r,S}/\lambda$ die Dopplerfrequenz.

Die Phase lässt sich eindeutig aber nur auf ganze Vielfache von $2\,\pi$ bestimmen, bzw. für die Phasendifferenz gilt der Eindeutigkeitsbereich $-\pi \leq \Delta\varphi < \pi$. Nach Gl. 3.13 ergibt sich die maximale eindeutige Geschwindigkeit dann zu

$$v_{r,S,\mathrm{max}} = \frac{\lambda\,f_P}{4} = 10.56\,\frac{\mathrm{m}}{\mathrm{s}} \tag{3.14}$$

Diese Geschwindigkeit ist die bereits in Kap. 2.4.1 (Gl. 2.10) eingeführte Nyquistgeschwindigkeit v_N. Die Beschränkung des Eindeutigkeitsintervalls führt bei hohen radialen Geschwindigkeiten zu einer Faltung. Auf dieses Problem wurde bereits in Kap. 2.4.1 eingegangen.

Eine weitere, häufig verwendete Methode ist die Abschätzung der radialen Dopplergeschwindigkeit aus der Dopplerfrequenz, die mit Hilfe einer schnellen Fouriertransformation (FFT) über alle Pulse innerhalb eines eingestellten Zeitintervalls ermittelt wird. Dieses Verfahren wird im Wolkenradar MIRA36-S angewendet. Zur Bestimmung der Dopplerfrequenz wird das komplexe Signal $S_k(l)$ im $k$ten Range-Gate zur Zeit $t_0 + l\,\Delta t$ als Zeitreihe interpretiert. Dabei ist $\Delta t = 1/f_P$ und l der Zählindex der Pulse. Dieser Zählindex wird begrenzt durch die eingestellte maximale Anzahl an Pulsen, die zur FFT beitragen (hier: $n_{\mathrm{FFT}} = 256$). Aus dem Leistungsspektrum

$$P_k(S_k, f_m) \propto \left| \sum_{l=1}^{n_{\mathrm{FFT}}} S_k(l)\,e^{i2\pi\frac{l\,m}{n_{\mathrm{FFT}}}} \right|^2 \tag{3.15}$$

kann dann die Dopplerfrequenz f_D als Schwerpunkt des Hauptpeaks berechnet werden (Bringi und Chandrasekar, 2005). Dabei sind die Frequenzen des Leistungsspektrums $f_m = m\,\Delta f$ ($m_{\mathrm{max}} = N$). Bei Kenntniss der Dopplerfrequenz ist es dann möglich die radiale Dopplergeschwindigkeit nach Gl. 3.13 zu bestimmen. Auch hier ist durch die endliche zeitliche Auflösung die maximale, eindeutig zu bestimmende Geschwindigkeit $v_{r,S}$ durch die Nyquistgeschwindigkeit (Gl. 2.10) beschränkt.

Die Auflösung $\Delta v_{r,S}$, mit der die radialen Geschwindigkeiten aufgezeichnet werden können, ist abhängig von der Anzahl der Pulse, die zur FFT beitragen und ergibt sich zu:

$$\Delta v_{r,S} = \frac{2\,v_{r,S,\mathrm{max}}}{n_{\mathrm{FFT}}} = 0.08\,\frac{\mathrm{m}}{\mathrm{s}} \tag{3.16}$$

Die spektrale Breite ist die empirische Varianz der Dopplergeschwindigkeit bzw. der FFT-Frequenz. Sie wird durch die Breite des Hauptpeaks im Leistungsspektrum bestimmt. Diese kann groß werden durch Turbulenz, wenn die Größenverteilung der Streuer breiter wird, ein Doppelpeak oder ein Faltungsübergang (siehe Kap. 2.4.1) existiert. Ein Doppelpeak kann gemessen werden, wenn Streuer unterschiedlicher Eigenschaften innerhalb eines Range Gates vorhanden sind, z.B. Wassertropfen und Eispartikel.

3.4.4   Überblick

Einen ersten Einblick in die Messgrößen liefern die Abbildungen von Messungen in vertikaler Richtung mit MIRA36-S vom 1. Juli 2007 (Abb. 3.1). Eine Schmelzschicht ist in der Höhe von ca. 2 km (zw. 12:00-16:00 UTC) anhand folgender Auffälligkeiten zu erkennen: erhöhte Reflektivitäten ζ und erhöhte LDR-Werte L, sowie eine Grenzlinie zwischen langsam fallenden Partikeln und schneller fallenden Partikeln in der Vertikalgeschwindigkeit $v_{r,S}$ und einer erhöhten spektralen Breite $\sigma_{v_{r,S}}$ unterhalb 2 km aufgrund der erhöhten Sedimentationsgeschwindigkeiten der Streuer. Auf das Thema Schmelzschicht wird im nachfolgenden Kapitel 4 detaillierter eingegangen. Unterhalb der Schmelzschicht regnet es, das LDR nimmt die niedrigsten Werte an (runde Streuer) und die Sedimentationsgeschwindigkeit ist am größten. Streuer, die keine Hydrometeore sind, werden durch räumlich stark variable und zugleich hohe LDR-Werte unterhalb einer Höhe von 2 km angezeigt. Diese Streuer sind meist Insekten und Staubpartikel. Weiterhin sind in der Abbildung Vertikalmessung der Radialgeschwindigkeit $v_{r,S}$ Aufwindbereiche (gelb) und eine Mischung aus Abwindbereich und Sedimentationsgeschwindigkeit (grün, blau) in Wolken zu erkennen. Die Entwicklung eines einzelnen Aufwindbereichs kann alleine mit Vertikalmessungen nicht beobachtet werden. Dies wird durch zweidimensionale Messungen (RHI-Scans) ermöglicht und ist Gegenstand des Kapitels 5.

3.5   Datengrundlage

Seit 2007 wurden mit dem Wolkenradar MIRA36-S neben vertikalen Messungen auch RHI-Scans und PPI-Scans, sowie 3D-Messungen durchgeführt. Vom 25. Mai bis 10. September 2007 wurde es während der „Convective-and-Orographically-induced-Precipitation-Study" (COPS, siehe Wulfmeyer et al., 2008; Kottmeier et al., 2008) eingesetzt, einer Messkampagne auf dem höchsten Berg des Nordschwarzwaldes, der Hornisgrinde (1164 m). Dabei wurden unter anderem langsame RHI-Scans (Geschwindigkeit der Antennenbewegung im Zenitwinkel $d\epsilon_Z/dt < 4\,°/s$) **in** Windrichtung, orthogonal dazu und in Richtung weiterer Messsystem-Standorte im Westen (Rheintal) und Osten (Murgtal) durchgeführt. Der kürzeste zeitliche Abstand zwischen den jeweiligen RHI-Messungen betrug 4 Minuten. Vom 10. September 2007 bis 31. Januar 2010 wurde das Wolkenradar auf der Messwiese am KIT Campus Nord eingesetzt und hauptsächlich schnelle RHI-Scans ($d\epsilon_Z/dt = 6\,°/s$) **in** Windrichtung in zeitlichen Abständen von 30 Sekunden (RHI-Scans in die gleiche Richtung) gefahren. Damit konnte erstmals die zeitliche Entwicklung von Wolkenbereichen aufgezeichnet werden. Zwischen Juli 2007 und Februar 2010 wurden insgesamt 37016 RHI-Scans durchgeführt. Darin enthalten sind auch Messungen ohne Wolken. Die Anzahl der Messungen, bei denen in 30% der Messfläche eines RHI-Scans bis zu einer Höhe von 10 km (meist befinden sich Wolken unterhalb dieser Höhe) Streuer detektiert werden konnten, liegt bei 8943. Detailliertere Angaben sind der Tabelle 3.2 zu entnehmen.

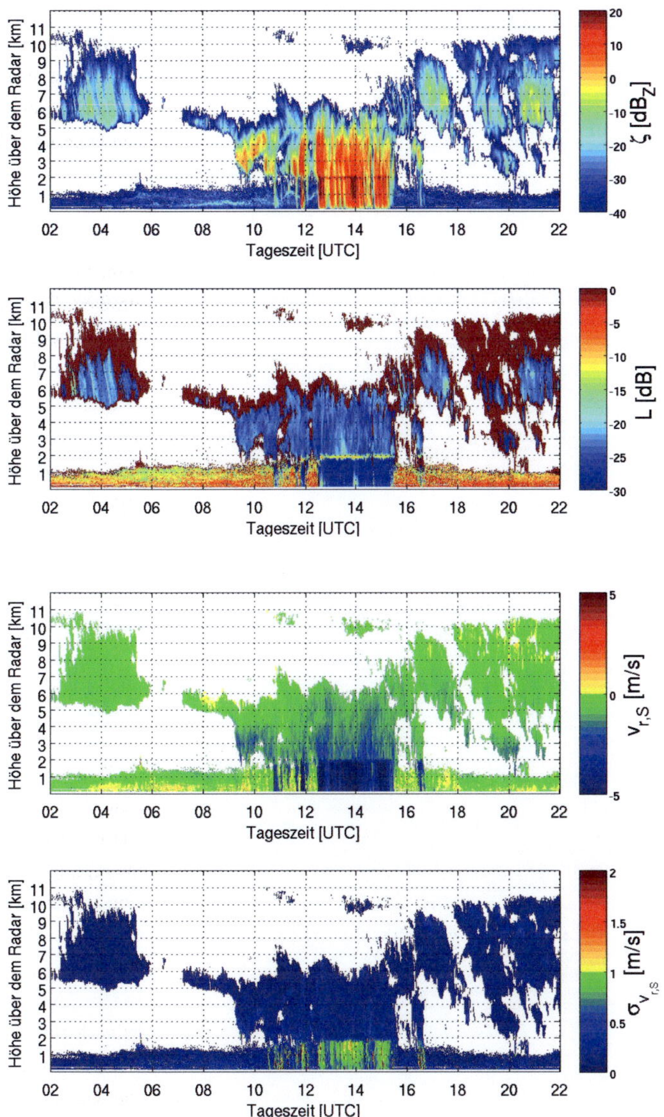

Abbildung 3.1: Zeit-Höhen-Schnitte der Reflektivität ζ [dB$_Z$], des linearen Depolarisationsverhältnises L [dB] (dunkelrot eingefärbt sind Bereiche, in denen Werte im Co-Kanal, aber nicht im Cross-Kanal vorliegen, d.h. kein LDR berechnet werden konnte), der radialen Dopplergeschwindigkeit $v_{r,S}$ [m/s] und der spektrale Breite $\sigma_{v_{r,S}}$ [m/s]. Details im Text.

Jahr	Anzahl	DJF	MAM	JJA	SON
2007	RHI	-	-	3274	898
	RHI_{30}	-	-	400	83
2008	RHI	-	837	159	428
	RHI_{30}	-	-	105	235
2009	RHI	131	147	-	14343
	RHI_{30}	128	-	-	4184
2010	RHI	16799	-	-	-
	RHI_{30}	3808	-	-	-
Σ	RHI	16930	984	3433	15669
	RHI_{30}	3936	-	505	4502

Tabelle 3.2: Anzahl gemessener RHI-Scans und Anzahl solcher RHI-Scans (RHI_{30}), bei denen in mindestens $30\,\%$ einer definierten Messfläche (200 km^2), aufgespannt durch einen Zenitwinkel ϵ_Z von $45\,^\circ$ in beiden Richtungen und einer Höhe von 10 km, Streuer gemessen werden.

4 Schmelzschicht in Wolken

Fallen Eispartikel durch warme Luftschichten ($T > 0\,^\circ$C), beginnen sie zu schmelzen. Die Änderung der Form und des Aggregatzustandes der Hydrometeore führt zu Modifikationen ihrer Streueigenschaften und ihrer Sedimentationsgeschwindigkeit. Dies äußert sich in einer in dieser Schicht erhöhten Reflektivität, für die mehrere Prozesse verantwortlich sind. Untersuchungen der Schmelzschicht werden hauptsächlich aus zwei Gründen durchgeführt: Erstens sollen die Prozesse, die zu den charakteristischen Radarsignaturen in der Schmelzschicht führen, ermittelt und ihr Zusammenspiel verstanden werden. Dies ist auch die Motivation, die diesem Kapitel zugrunde liegt. Zweitens sollen Algorithmen entwickelt werden, um diese für die Niederschlagsmessung am Boden störenden Artefakte zu eliminieren.

Radarbeobachtungen der Schmelzschicht gibt es schon seit den Anfängen der Radarmeteorologie (Austin und Bemis, 1950). Detektionsalgorithmen wurden bereits für Radargeräte mit vertikal ausgerichteten Antennen als auch für Scan-fähige polarimetrische Radargeräte entwickelt. Detaillierte Untersuchungen der Schmelzschicht selbst stammen von Fabry und Zawadzki (1995). Später wurden auch Detektionsalgorithmen entwickelt, die entweder Bestandteile von Klassifikationsalgorithmen sind, z.B. in der jüngsten Vergangenheit von Giangrande et al. (2008), Hogan und O'Connor (2004), White et al. (2002), oder die zur besseren Abschätzung der Regenrate dienen, z.B. Gysi et al. (1997), Matrosov et al. (2007).

Mit einem X-Band-Radar ($\lambda = 3.2$ cm) mit rein vertikal ausgerichteter Antenne und einem Windprofiler-Radar ($\lambda = 32.8$ cm) arbeiteten beispielsweise Fabry und Zawadzki (1995), deren Ziel die Untersuchung der Schmelzschicht anhand von gemessenen Radarmessgrößen im Bereich der Schmelzschicht und in den Schichten direkt darüber und darunter war. Die Detektion der Schmelzschichtgrenzen und der Höhe über Grund, in der die Reflektivitäten innerhalb der Schmelzschicht maximal werden (Schmelzschichthöhe), erfolgte dabei über die maximalen Krümmungen der Kurve der minutengemittelten Vertikalprofile der Reflektivität. Dafür wurden die Profile allerdings mit den Daten des Windprofilers korrigiert, wodurch die Profile Trajektorien der Hydrometeore auf ihrem horizontalwindabhängigen Weg nach unten entsprachen.

Vertikal zeigende Radargeräte (35 GHz, 94 GHz) wurden ebenfalls von Hogan und O'Connor (2004) eingesetzt. Sie erarbeiteten einen Algorithmus zur Schmelzschichtdetektion, der eingebettet ist in einen umfangreichen Klassifikationsalgorithmus, der Radardaten, Lidardaten, Mikrowellenradiometerdaten und Modelldaten berücksichtigt. Die Schmelzschicht wird dabei mit Hilfe der vertikalen Dopplergeschwindigkeit und der Feuchttemperatur aus Modelldaten bestimmt. Die Suche nach der Schmelzschicht wird eingeschränkt auf eine Schicht, in der die Feuchttemperatur T_f zwischen $-5\,^\circ C < T_f < 5\,^\circ C$ liegt. In dieser Schicht wird dann der stärkste Gradient der Vertikalgeschwindigkeit gesucht und als Schmelzschichthöhe bezeichnet. Ist die Vertikalgeschwindigkeit in der Schmelzschichthöhe kleiner 0.5 m/s, wird keine Schmelzschicht angenommen. Ausgehend von der Schmelzschichthöhe wird in beiden Richtungen nach

Höhen gesucht, in denen die Vertikalgeschwindigkeit und der Gradient der Vertikalgeschwindigkeit definierte Grenzwerte unterschreiten. Diese Höhen entsprechen dann der Ober- und Untergrenze der Schmelzschicht. Am Ende werden zeitlich aufeinander folgende Profile miteinander verglichen. Profile, deren Schmelzschichthöhe um mehr als 150 m von den benachbarten Schmelzschichthöhen abweicht, werden von der weiteren Betrachtung ausgeschlossen.

Die Schmelzschicht wurde auch mit einer Kombination von Messgrößen aus PPI-Messungen polarimetrischer Radargeräte, beispielsweise von einem WSR-88D-Radargerät (S-Band, Amerikanischer Radarverbund) durchgeführt (z.B. Giangrande et al., 2008; Vivekanandan et al., 1999; Park et al., 2008). Sie entwickelten über viele Jahre einen aufwendigen Klassifikationsalgorithmus. Dieser berücksichtigt Messfehler und baut auf Prinzipien der Fuzzylogik auf. Hierfür werden sich überschneidende Wertebereiche für polarimetrische Messgrößen festgelegt, die auf Regen, Schnee, Graupel oder nassen Schnee hinweisen. Die Schmelzschichtgrenzen werden dadurch festgelegt, dass für jede Elevation und Höhe ein Histogramm der polarimetrischen Größen erstellt wird. Wenn der Wertebereich für schmelzenden Schnee der dominierende Wertebereich ist, werden das 20. und 95. Perzentil verwendet, um die Ober- und Untergrenze der Schmelzschicht zu bestimmen.

Eigenschaften der Schmelzschicht sind auch in den gemessenen Größen des Wolkenradars, speziell der Reflektivität, dem linearen Depolarisationsverhältnis und der Dopplergeschwindigkeit, zu erkennen. Dadurch kann die Höhe und Mächtigkeit der Schmelzschicht mit diesen Messungen abgeschätzt werden. Die Kenntnis der genauen Lage der Schmelzschicht ist wichtig für eine realistische Trennung von Bereichen, die durch Eispartikel, Tropfen oder der Mischphase bestimmt werden. Anhand der Schmelzschichtoberkante kann zudem die Höhe der Nullgradgrenze abgeschätzt werden.

4.1   Grundlagen

Da in dieser Arbeit die räumliche und zeitliche Änderung dynamischer und wolkenphysikalischer Prozesse in Wolken im Vordergrund steht, wurden zweidimensionale Messungen durchgeführt (RHI-Scans). Mit diesen zweidimensionalen Messungen soll es möglich sein, die Schmelzschicht innerhalb eines Scans detektieren zu können. In diesem Kapitel wird ein Algorithmus vorgestellt, der ausschließlich auf den Messungen eines Wolkenradars, hier des MIRA36-S, beruht. Dafür werden räumlich gemittelte Messgrößen (Reflektivität, LDR und Vertikalgeschwindigkeit) kombiniert. Ziel ist es, in einer zeitlich hohen Auflösung (für jeden RHI-Scan, der 15 Sekunden dauert) eine Schmelzschicht zu detektieren. Der Algorithmus soll auch in Situationen, in denen nur zwei der drei genannten Größen zur Verfügung stehen, eine Schmelzschicht detektieren. Auf solch einen Fall wird im weiteren Verlauf noch gesondert eingegangen. Die Ober- und Untergrenzen der Schmelzschicht sind, wie auch in den zuvor beschriebenen Arbeiten, Abschätzungen der Schmelzschichtgrenzen. Mittelungen der Daten sind notwendig, damit die Höhe der Schmelzschicht möglichst solide ermittelt werden kann.

Um die Schmelzschicht verlässlich detektieren zu können, ist es zudem wichtig, die Eigenschaften der Schmelzschicht und ihren Einfluss auf die Messgrößen zu verstehen. Deshalb wird im Folgenden beschrieben, was das Wolkenradar im idealen Fall während der unterschiedlichen Phasen des Schmelzvorgangs messen würde. Stellvertretend für einen idealen Fall wird der Schmelzvorgang anhand einer RHI-Messung vom 06.10.2009 beschrieben und dargestellt (Abb. 4.1), wobei auf vertikale Profile der Reflektivität $\zeta(z)$, des linearen Depolarisationsverhältnisses $L(z)$ und der Vertikalgeschwindigkeit der Streuer $w_m(z)$ (siehe Kap. 5.1) eingegangen wird.

Während des Schmelzens von Eispartikeln wirken sich drei Vorgänge auf die gemessene Reflektivität aus, auf die im weiteren Verlauf eingegangen wird: Der Dielektrizitätsfaktor der Hydrometeore nimmt zu, der Durchmesser der Hydrometeore ändert sich und die Anzahl der Hydrometeore pro Volumeneinheit nimmt ab.

Am Oberrand der Schmelzschicht, der mit der $0\,°C$-Isotherme in Zusammenhang steht, beginnen fallende Eispartikel zu schmelzen. Dieser Prozess beginnt an der Oberfläche der Hydrometeore. Bei größeren Eisaggregaten, wie Schneeflocken, entstehen Lufteinschlüsse, da sich eine Hülle aus Flüssigwasser um die Eispartikel bildet. Wegen der dann geringeren mittleren Materialdichte der anschmelzenden Eishydrometeore ist ihr Durchmesser größer als der eines Tropfens der gleichen Wassermenge. Sind die Oberflächen der Eispartikel flüssig, ist die Aggregation, d.h. die Bildung von größeren Eispartikeln durch Stoßprozesse, effektiver. Die Partikel können sich nicht nur verhaken, wie während der Bildung von Eispartikeln durch Dendrite, sondern können auch aneinanderhaften. Die Hydrometeore nehmen dadurch komplexere Formen an, wodurch das LDR deutlich ansteigt und der Durchmesser der Hydrometeore zunimmt. Gleichzeitig nehmen der Brechungsindex und somit der Dielektrizitätsfaktor höhere Werte an (für den vollständigen Phasenübergang der Hydrometeore um den Faktor $|K|^2_{\mathrm{water}}/|K|^2_{\mathrm{ice}} \approx 5$). Durch die Vergrößerung des Durchmessers und Erhöhung des Dielektrizitätsfaktors steigt der Rückstreuquerschnitt und das Radar misst eine, im Vergleich zu Eispartikeln, höhere Reflektivität ζ.

Im Weiteren wird davon ausgegangen, dass die angeschmolzenen großen Eispartikel weiter sedimentieren und dementsprechend der Schmelzvorgang weiter fortschreitet. Sind noch Verästelungen der Eispartikel vorhanden, kollabieren diese. Der Durchmesser der so entstehenden Hydrometeore nimmt ab, sie werden runder und die LDR-Werte sinken. Infolgedessen sinkt der Reibungswiderstand der schmelzenden und immer runder werdenden Partikel, wodurch sich ihre Sedimentationsgeschwindigkeit erhöht. Die Folge ist eine Zunahme der Distanz zwischen den Hydrometeoren während die Anzahl der Hydrometeore pro Volumeneinheit abnimmt. Da der Reflektivitätsfaktor Z proportional zur Anzahl der Streuer ist, folgt dann eine Abnahme der Reflektivität ζ.

Ist der Schmelzprozess abgeschlossen, sind die Eispartikel geschmolzen und im Unterschied zum Beginn des Schmelzprozesses näherungsweise kugelförmig (d.h. Tropfen). Gleichzeitig befinden sich keine Lufteinschlüsse mehr in den Hydrometeoren und die Materialdichte ist höher. Dadurch ist die Geschwindigkeit der Partikel am Ende des Schmelzprozesses höher und das LDR niedriger. Da der Effekt der Erhöhung des Dielektrizitätsfaktors gegenüber der Verringerung der Anzahldichte und der Durchmessers der Hydrometeore meist überwiegt, sind die Reflektivitäten am Unterrand der Schmelzschicht meist höher als am Oberrand.

Es ist allerdings schwierig, den Anteil des jeweiligen Vorgangs an der Gesamtänderung der Messwerte der Reflektivität, des LDRs oder der vertikalen Geschwindigkeit genau zu spezifizieren. Zusammenfassend kann festgehalten werden, dass die Form (z.B. kleine Eispartikel (Nadeln), zusammenhängende komplexe Eiskristalle (Dendrite), runde zusammenhängende Eispartikel (Graupel)), Anzahl und Größe der Eispartikel oberhalb der Schmelzschicht und der vertikale Temperaturgradient einen großen Einfluss auf die Variation der Messgrößen haben dürften. Die erwähnten Einflussfaktoren wirken sich auf die Schmelzgeschwindigkeit der Eispartikel, die Änderung des Durchmessers und die Beschleunigung der Hydrometeore, aber nur mittelbar auf den Dielektrizitätsfaktor aus. Dadurch sind die Merkmale der Schmelzschicht nicht immer klar in den Profilen der Reflektivität, des LDRs oder der vertikalen Geschwindigkeit zu erkennen.

Ausgangspunkt für den Detektionsalgorithmus ist allerdings der oben beschriebene konzeptionelle Verlauf. Der ideale Verlauf des Schmelzvorgangs, dem die Messung vom 06.10.2009 sehr nahe kommt, ist in Abb. 4.1 dargestellt. Bevor diese Abbildung diskutiert wird, noch ein Wort zur Datenauswertung. Die gemessenen Werte für $\zeta(R, \epsilon_Z)$ und $L(R, \epsilon_Z)$ wurden hierfür zunächst auf ein zweidimensionales kartesischen Gitter (x, z) interpoliert, mit Gitterabständen von $\Delta x = \Delta z = 30$ m in beiden Richtungen. Für jede Höhe z wurde dann ein Mittelwert aller finiten Werte von $\zeta(x, z)$ und $L(x, z)$ in x-Richtung berechnet, wenn mindestens zwei Drittel der möglichen Messwerte in einer Höhe besetzt waren. Im letzten Schritt wurde die Datenmenge zur besseren Detektion der Schmelzschichtgrenzen erhöht und die Profildaten auf ein Gitter mit einem Gitterabstand von $\Delta z = 10$ m interpoliert.

In der schon erwähnten Abb. 4.1 sind die Profile der Reflektivität $\zeta(z)$, des linearen Depolarisationsverhältnisses $L(z)$ und der Vertikalgeschwindigkeit der Streuer $w_m(z)$ gezeigt. Die Beschreibung der relevanten Bereiche zur Schmelzschichtdetektion erfolgt für alle folgenden Abbildungen in Bewegungsrichtung der Partikel, also von oben nach unten. Die Werte für $w_m(z)$ sind negativ, da sich die Partikel auf das Radar zu bewegen. Im stratiformen Fall (z.B am 06.10.2009) ist davon auszugehen, dass die Vertikalgeschwindigkeit der Streuer hauptsächlich durch deren Sedimentationsgeschwindigkeit bestimmt wird. Deshalb wird eine Abnahme der

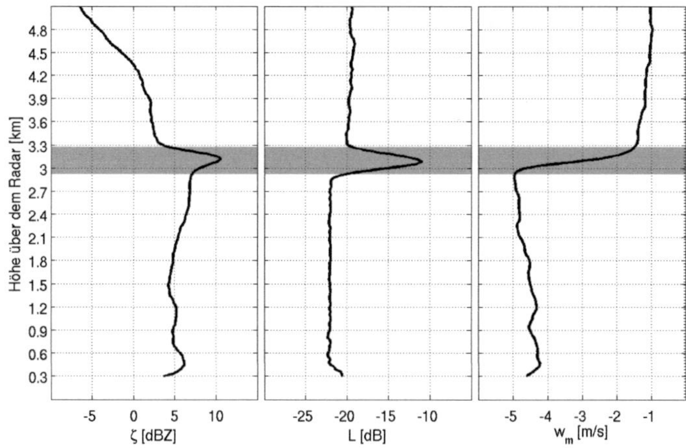

Abbildung 4.1: Vertikalprofile folgender Größen aus RHI-Messungen des Wolkenradars MIRA36-S vom 06.10.2009, 13:14 UTC: Reflektivität $\zeta(z)$ in dB$_Z$, lineares Depolarisationsverhältnis $L(z)$ in dB und die Vertikalgeschwindigkeit $w_m(z)$ in m/s. Grau unterlegt ist die detektierte Schmelzschicht.

Vertikalgeschwindigkeit von oben nach unten einer zunehmenden Sedimentationsgeschwindigkeit zugeordnet. In Abb. 4.1 ist die detektierte Schmelzschicht grau unterlegt .

Nun werden die maßgeblichen Charakteristika für die Detektion der Schmelzschicht im Umfeld des gesamten Messbereichs betrachtet. Der Messbereich in Abb. 4.1 wird von oben nach unten in drei Höhenabschnitte unterteilt, die sich an der grau unterlegten detektierten Schmelzschicht orientieren. Im Bereich oberhalb der Schmelzschicht liegen hauptsächlich Eiskristalle und -partikel vor, die unterhalb 5 km wachsen. Ein Indiz für das Wachstum ist in der gleichzeitigen Zunahme der Reflektivität und der Sedimentationsgeschwindigkeiten zu sehen. Die Sedimentationsgeschwindigkeit der Hydrometeore ist in diesem Bereich gering, was darauf hindeutet, dass es sich um Eispartikel oder große Eiskristalle, etwa Dendrite, handelt. Einer deutlicheren Geschwindigkeitszunahme aufgrund der Zunahme an Masse steht, durch das meist flächenhafte Wachstum der Eiskristalle und Eispartikel, eine deutliche Erhöhung der Fläche und somit des Reibungswiderstands entgegen.

Direkt darunter ist die Schmelzschicht zu erkennen, in der sich die oben beschriebenen Vorgänge abspielen. Merkmale, die deutlich hervorstechen, sind in allen Profilen zu erkennen und für die Detektion der Schmelzschicht nutzbar: Ein deutlich sichtbares lokales Maximum (Peak) im Profil der Reflektivität und im LDR und eine starke Änderung im Profil der Vertikalgeschwindigkeit. In vielen Fällen ist die Spitze des Peaks gleichzeitig das absolute Maximum der Reflektivität und des LDR. In dieser Schicht liegen die Hydrometeore als zunehmend flüssiger werdende Eispartikel vor, deren Größenverteilung sich deutlich ändert.

Im dritten Abschnitt, unterhalb der Schmelzschicht, sind die Eispartikel vollständig geschmolzen, d.h. es liegen Tropfen vor, die näherungsweise eine sphärische Form besitzen und schnell fallen. Die Sedimentationsgeschwindigkeit liegt zwischen 4 m/s und 5 m/s und ist somit deutlich höher als oberhalb der Schmelzschicht (1 m/s bis 1.5 m/s). Die Werte der Reflektivitäten sind unterhalb der Schmelzschicht ebenfalls höher (4 dB_Z bis 7 dB_Z) als oberhalb der Schmelzschicht (-7 dB_Z bis 3 dB_Z). Im Gegensatz dazu sind die LDR-Werte oberhalb der Schmelzschicht höher (etwa -20 dB) als unterhalb (etwa -22 dB).

Aufgrund der oben genannten Einflussfaktoren ist absehbar, dass nicht immer der ideale Fall vorliegt. Der Anspruch an den Detektionsalgorithmus ist allerdings, auch in solchen Fällen die Schmelzschicht zu detektieren. Ein solcher, vom „Ideal" abweichender Fall ist in Abbildung 4.2 dargestellt, inklusive der detektierten Schmelzschicht. Auf die zum idealen Fall verschiedenen, meteorologischen Bedingungen soll an dieser Stelle nicht eingegangen werden, sondern lediglich die für den Algorithmus wichtigen Unterschiede der Profilmerkmale im Schmelzschichtbereich aufgezeigt werden. Im Vergleich zum idealen Fall ist die Reflektivität oberhalb der Schmelzschicht höher als unterhalb, und der Peak innerhalb der Schmelzschicht ist zwar sichtbar, aber die Spitze des Peaks ist nur ein relatives und kein absolutes Maximum. Werte des LDR sind im Bereich der Schmelzschicht nur in Teilbereichen gemessen worden. Dennoch kann die Schmelzschicht mit dem nachfolgend präsentierten Algorithmus detektiert werden.

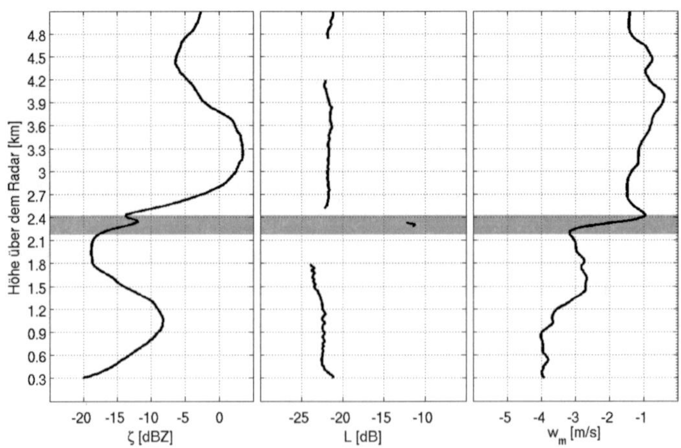

Abbildung 4.2: Profile aus RHI-Messungen des Wolkenradars MIRA36-S vom 04.09.2009, 10:35 UTC folgender Größen: Reflektivität ($\zeta(z)$), lineares Depolarisationsverhältnis ($L(z)$) und Vertikalgeschwindigkeit ($w_m(z)$). Grau unterlegt ist die detektierte Schmelzschicht.

4.2 Detektionsalgorithmus

In jedem der drei Profile, die für einen idealen Fall in Abb. 4.1 gezeigt werden, sind deutlich detektierbare Merkmale zu erkennen. Diese Merkmale bilden die Grundlage des Detektionsalgorithmus und werden im folgenden Abschnitt einzeln diskutiert, bevor auf die Kombination der Merkmale der drei Größen und die Bestimmung der Schmelzschichthöhe und -grenzen eingegangen wird.

4.2.1 Eigenschaften der Profile als Ganzes

Profil der Reflektivität   Typisches Merkmal im gesamten Profil der Reflektivität ist ein lokales Maximum (Peak) im Bereich der Schmelzschicht (Abb. 4.1). Die Analyse weiterer Profile der Reflektivität ergab auch:

- Die stärkste konkave Krümmung ist oft im lokalen Maximum in der Schmelzschicht zu finden. Diese konkave Krümmung geht in den meisten Fällen zu jeder Seite in eine ausgeprägte konvexe Krümmung über. Dabei sind die stärksten konvexen Krümmungen in vielen Fällen am Anfang und Ende des Schmelzvorgangs zu finden.

- Im Idealfall entspricht das lokale Maximum in der Schmelzschicht dem absoluten Maximum des gesamten Profils.

- Das lokale Maximum in der Schmelzschicht ist oft eingebettet in einen Trend der Werte in der Umgebung der Schmelzschicht (Abb. 4.2).

- Die Anzahl der lokalen Maxima im gesamten Profil kann groß werden.

Das augenscheinlich sicherste Merkmal, die Schmelzschicht zu identifizieren, ist die Abfolge starker Krümmungen (konvex, konkav, konvex, siehe Abb. 4.1 und 4.2). Deshalb ist ein geeignetes Verfahren die Schmelzschicht zu detektieren, mit Hilfe der zweiten Ableitung der Profile der Reflektivitätswerte, ausgedrückt durch diskrete Messwerte

$$\zeta''(z) \approx \frac{\Delta^2 \zeta(z)}{\Delta z^2} \tag{4.1}$$

nach Maxima zu suchen. Die stärkste Krümmung im Profil der Reflektivität befindet sich meist innerhalb der Schmelzschicht und wird der Höhe der Schmelzschicht zugeschrieben. Ableitungen erhöhen das Rauschen der Daten und die Detektion der Schmelzschicht wird erschwert. Um dem entgegen zu wirken und möglichst glatte Profile zu erhalten, werden die Daten vor jeder Ableitung mit einem gleitenden Mittelwertsfilter über jeweils sieben Höhenstufen (70 m) geglättet.

Profil des LDR　Ähnlich wie in den Profilen der Reflektivität ist auch im Profil des LDR ein lokales Maximum (Peak) im Bereich der Schmelzschicht (Abb. 4.1) zu erkennen. Die Untersuchung vieler Profile ergab:

- Die stärkste konkave Krümmung ist oft im lokalen Maximum in der Schmelzschicht zu finden.

- Die konkave Krümmung des lokalen Maximum geht zu jeder Seite in eine ausgeprägte konvexe Krümmung über. Dabei sind die stärksten konvexen Krümmungen am Anfang und Ende des Schmelzvorgangs zu finden.

- Es gibt Fälle, in denen keine oder nur wenige Werte in der Schmelzschicht vorhanden sind (Abb. 4.2).

- Sind Werte an jedem Gitterpunkt innerhalb der Schmelzschicht vorhanden, ist das lokale Maximum in der Schmelzschicht meist das absolute Maximum im gesamten Profil.

- Die Anzahl der lokalen Maxima im gesamten Profil kann groß werden.

Auch für die Profile des LDR eignet sich die Abfolge starker Krümmungen als beständigstes Merkmal zur Detektion der Schmelzschicht. Wie auch für die Reflektivitäten wird die zweite Ableitung der Profile verwendet, um Maxima zu suchen:

$$L''(z) \approx \frac{\Delta^2 L(z)}{\Delta z^2} \tag{4.2}$$

Die stärkste Krümmung befindet sich ebenfalls meist innerhalb der Schmelzschicht und wird der Höhe der Schmelzschicht zugeschrieben. Wie zuvor auf die Profile der Reflektivität angewendet, werden die Werte der LDR-Profile vor jeder Ableitung mit einem gleitenden Mittelwertsfilter über jeweils sieben Höhenstufen (70 m) geglättet.

Profil der Vertikalgeschwindigkeit　Typisches Merkmal im Profil der Vertikalgeschwindigkeit ist eine deutliche Zunahme der Sedimentationsgeschwindigkeit der Streuer im Bereich der Schmelzschicht (Abb. 4.1). Die Sichtung einiger Profile der Vertikalgeschwindigkeit ergab:

- Die stärkste Zunahme der Sedimentationsgeschwindigkeit ist meist in der Schmelzschicht zu finden.

- Ein starker Gradient der Werte innerhalb der Schmelzschicht erstreckt sich über mehrere hundert Meter.

- Starke Gradienten treten in manchen Fällen auch außerhalb der Schmelzschicht auf, erstrecken sich aber meist nur über wenige zehn Meter.

Zur Detektion der Schmelzschicht im Profil der Vertikalgeschwindigkeit ist der Gradient und somit die erste Ableitung das geeignete Mittel, um nach Maxima zu suchen:

$$w'_m(z) \approx \frac{\Delta w_m(z)}{\Delta z} \tag{4.3}$$

Der maximale Gradient von $w_m(z)$ tritt meist in der Schmelzschicht auf. Wie zuvor werden auch die Werte der Profile der Vertikalgeschwindigkeit vor der Ableitung mit einem gleitenden Mittelwertsfilter über jeweils sieben Höhenstufen (70 m) geglättet.

4.2.2 Kombination der Profile

Mit der kombinierten Betrachtung der drei Größen ζ, L, w_m wird die Anzahl der Fehldetektionen reduziert und die Häufigkeit der richtigen Detektionen erhöht. Die Merkmale der Krümmung der Kurven der Reflektivitätsgrößen und die Merkmale der Steigung der Vertikalgeschwindigkeitskurve können zusammengeführt werden, wenn sie zuvor normiert wurden. Dies geschieht durch die Division mit definierten Grenzwerten (Gl. 4.5). Mit diesen Grenzwerten können die Messgrößen wie folgt kombiniert werden, wobei jeder Term das Gewicht $1/3$ bekommt[1]:

$$S(z) = \frac{1}{3}(S_\zeta(z) + S_L(z) + S_w(z)) = \frac{1}{3}\left(\frac{\zeta''(z)}{\zeta''_t} + \frac{L''(z)}{L''_t} + \frac{w'_m(z)}{w'_{m,t}}\right) \tag{4.4}$$

Dabei ist $S(z)$ als ein dimensionsloses Maß für das Vorhandensein einer Schmelzschicht, als Schmelzschichtindex, zu verstehen und soll für die Höhe der Schmelzschicht maximal werden. Die Krümmungen im Profil der Reflektivität und des LDR sind in der Höhe der Schmelzschicht konkav (negative Werte) und der Gradient im Profil der Vertikalgeschwindigkeit ist in der Höhe der Schmelzschicht positiv. Dies wurde bei der Wahl der Grenzwerte berücksichtigt, sodass $S(z)$ in der Höhe der Schmelzschicht maximal wird. Diese Grenzwerte sollen festlegen, ab welchem jeweiligen Wert ζ''_t, L''_t und $w'_{m,t}$ die Schmelzschicht mit Hilfe von $S(z)$ zuverlässig detektiert werden kann. Die Grenzwerte, die für den gesamten Datensatz verwendet werden, wurden empirisch bestimmt: Anhand von Stichproben, für die die Schmelzschicht augenscheinlich war, wurden die Grenzwerte angepasst. Die beste Übereinstimmung der detektierten Schmelzschichthöhen und -grenzen mit den per Auge definierten lieferten folgende Grenzwerte:

$$\zeta''_t = -330\left[\frac{\mathrm{dB}}{\mathrm{km}^2}\right] \;, \quad L''_t = -450\left[\frac{\mathrm{dB}}{\mathrm{km}^2}\right] \;, \quad w'_{m,t} = 14\left[\frac{\mathrm{m}}{\mathrm{s\,km}}\right] \tag{4.5}$$

Die hervorstechenden Merkmale im Vertikalprofil von $S(z)$ sollten im idealen Fall im Bereich der Schmelzschicht erwartet werden: Ein Maximum innerhalb der Schmelzschicht und lokale

---

[1] Der Index t für die Grenzwerte steht für threshold.

Minima an der Ober- und Untergrenze der Schmelzschicht (siehe Abb. 4.3, gelbe Linie zwischen 2.5 km und 3.5 km). Große Werte für $S(z)$ treten allerdings mit Ausnahme des idealen Falls nicht nur im Bereich der Schmelzschicht auf. Dadurch sind mehrere Maxima innerhalb des Profils von $S(z)$ möglich, die ähnliche Werte wie das Maximum innerhalb der Schmelzschicht annehmen können. Um das Maximum der Schmelzschicht zu detektieren, wird im ersten Schritt Eins als Schwellenwert für $S(z)$ festgelegt. Somit ist eine Schmelzschicht vorhanden, wenn $S(z) \geq 1$.

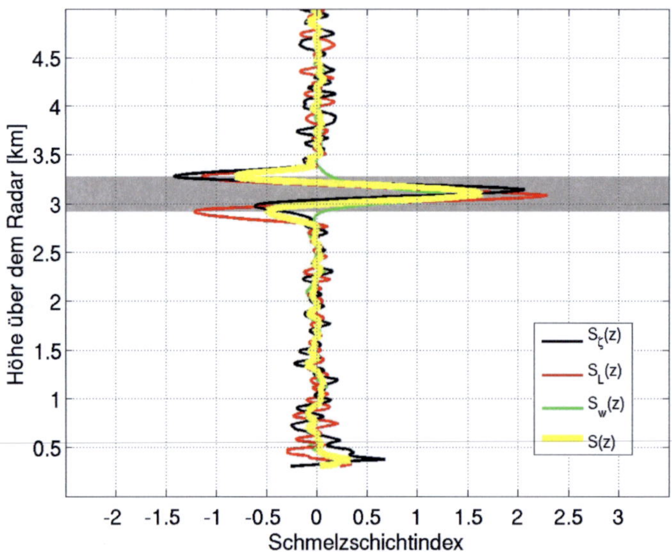

Abbildung 4.3: Vertikalprofile von $S_\zeta(z)$, $S_L(z)$, $S_w(z)$ und deren gewichtetes Mittel $S(z)$ als Funktion der Höhe z auf Basis der Messung vom 06.10.2009, 13:14 UTC. Grau unterlegt ist die Schmelzschicht.

Im Idealfall ist damit die Detektion abgeschlossen. Es kann aber vorkommen, dass mehrere Maxima im 1. Schritt gefunden werden. Eine Reduktion der Anzahl der Maxima wird erreicht, indem die Form der Kurve von $S(z)$ um das jeweilige Maximum analysiert wird. Dafür wird in jenen Höhen z_0 in denen $S(z) \geq 1$ ist, untersucht ob die Form der Kurve um $S(z_0)$, der Form entspricht, die im Bereich der Schmelzschicht zu erwarten wäre: Ein ausgeprägtes Maximum in der Mitte der Schmelzschicht, zwischen zwei ähnlich ausgeprägten Minima, die die Grenzen der Schmelzschicht bedeuten (Abb. 4.3). Diese Kurvenform lässt sich durch das sogenannte mexican hat-Profil beschreiben (Bronstein et al., 2008):

$$F(z) = \left(1 - z^2\right) e^{-\frac{z^2}{2}} \tag{4.6}$$

mit Extremwerten bei $z = \{-\sqrt{3}, 0, \sqrt{3}\}$. Zur ersten Abschätzung der Höhe und der Grenzen der Schmelzschicht muss eine Höhe z_0 und eine Schmelzschichtdicke B in dem Sinne gewählt werden, dass das Maximum in der Höhe z_0 liegt und die Oberkante und Unterkante der Schmelzschicht bei $z_0 \pm b$ (mit $b = 1/2\,B$). Die Fitfunktion $F(z)$ an die Werte von $S(z)$ um die Höhe z_0 ergibt sich somit zu

$$F(z,b) = \left(1 - \frac{3\,(z - z_0)^2}{b^2}\right) e^{-\frac{3}{2}\frac{(z-z_0)^2}{b^2}} \tag{4.7}$$

Für jede Höhe z_0 wird nun b in 10-Meter-Schritten von 30 m bis 500 m variiert. Für jene Höhe z_0 und jene halbe Dicke b, für die der Korrelationskoeffizient nach Pearson

$$\varrho_{F,S}(z_0, b) = \frac{\mathrm{Cov}(F(z,b), S(z))}{\sqrt{\mathrm{Var}(F(z,b))}\,\sqrt{\mathrm{Var}(S(z))}} \tag{4.8}$$

maximal wird und größer 0.9 ist, ergibt sich die Abschätzung der Schmelzschichthöhe zu $z_p = z_0$ und der Schmelzschichtdicke zu $B = 2\,b$. Ist die Kurve von $S(z)$ in der Schmelzschicht

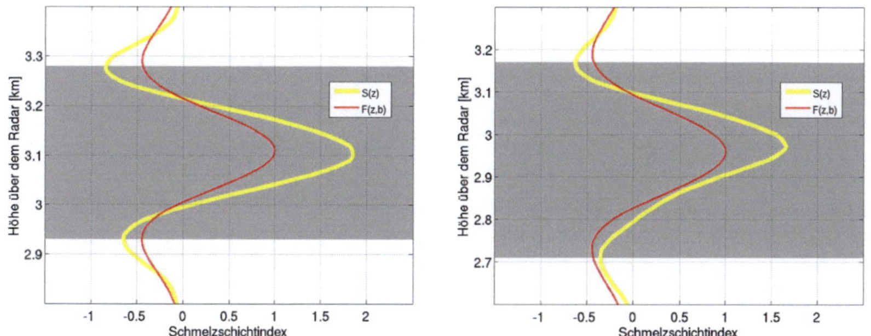

Abbildung 4.4: Ausschnitt aus Abb. 4.3, nur Bereich der Schmelzschicht. Die rote Linie ist die Fitfunktion $F(z,b)$ mit $z_0 = 2.91$ km und $b = 170$ m für die RHI-Messungen vom 06.10.2009, 13:14 UTC (links) und mit $z_0 = 2.96$ km und $b = 230$ m für die RHI-Messungen vom 06.10.2009, 14:28 UTC (rechts). Grau unterlegt ist die detektierte Schmelzschicht.

achsensymmetrisch zum Maximum in der Höhe z_0, so kann die Oberkante ($z_t = z_0 + b$) und Unterkante ($z_b = z_0 - b$), sowie die Dicke ($B = 2\,b$) der Schmelzschicht mit Hilfe des mexican hat-Fits direkt berechnet werden (Abb. 4.4, links). Die Indizes p, t und b stehen jeweils für **p**eak, **t**op und **b**ottom. In einigen Fällen ist die Achsensymmetrie nicht gewährleistet und die Orte (Höhen) des Maximums und der Minima der Fitfunktion in der Schmelzschicht stimmen nicht genau mit denen von $S(z)$ überein (Abb. 4.4, rechts). Eine Verbesserung wird mit einem zweiten Fit erreicht. Nachdem die Höhen der Minima (z_t, z_b) und des Maximums (z_p) ungefähr bekannt sind, wird der Fitbereich in drei Segmente um den jeweiligen Extremwert eingeteilt und mit dem passenden Ausschnitt der mexican hat-Funktion gefittet. Für die Bestimmung der Höhe der Oberkante der Schmelzschicht wird für alle $z \in [z_t - 100\,\mathrm{m}, z_t + 100\,\mathrm{m}]$ mit Hilfe der Gleichungen 4.7 und 4.8 (z_0 wird dabei durch z_t ersetzt) der beste Fit für den Höhenbereich um die Oberkante der Schmelzschicht und somit ein neues z_t und b berechnet. Gleichermaßen wird für den Bereich um die Unterkante (z_0 wird durch z_b ersetzt und $z \in [z_b - 100\,\mathrm{m}, z_b + 100\,\mathrm{m}]$)

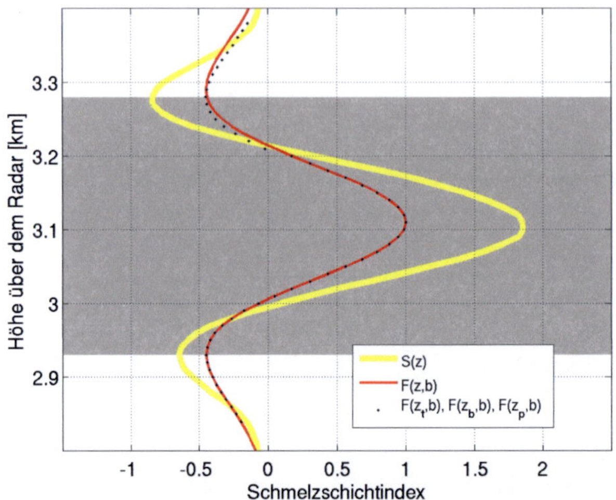

Abbildung 4.5: Beste Fits der mexican hat-Funktion $F(z,b)$ (rot) an die Kurve $S(z)$ (gelb) und der beste Fit $F(z_t,b)$, $F(z_b,b)$, $F(z_t,b)$ (schwarz gepunktet) jeweils im Bereich der Minima und des Maximums an die Kurve $S(z)$ für RHI-Messungen vom 06.10.2009, 13:14 UTC. Grau unterlegt ist die detektierte Schmelzschicht.

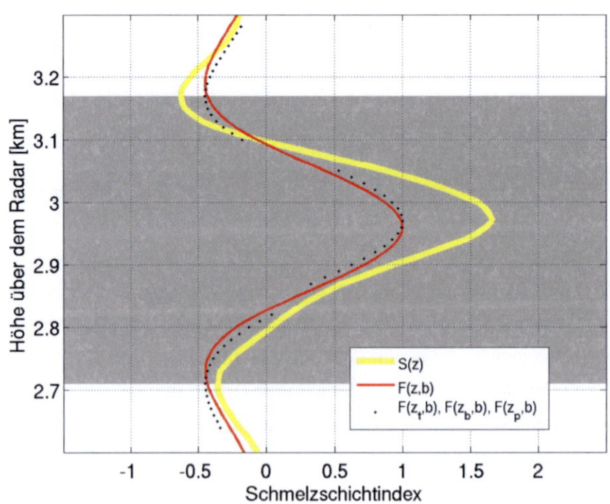

Abbildung 4.6: wie Abb. 4.5, für RHI-Messungen vom 06.10.2009, 14:28 UTC.

und den Bereich um das Maximum (z_0 wird durch z_p ersetzt und $z \in [z_p - 100\,\mathrm{m}, z_p + 100\,\mathrm{m}]$) verfahren.

Der zweite Fit an drei unabhängige Höhenbereiche von $S(z)$ bestätigt im symmetrischen Fall den ersten Fit (Abb. 4.5), während im asymmetrischen Fall die Detektion von z_t, z_b und z_p verbessert wird (Abb. 4.6). Diese z_t und z_b sind die Grundlage für die Berechnung der Dicke der in allen Abbildungen grau unterlegten Schmelzschicht.

4.3 Eigenschaften der Schmelzschicht

In diesem Unterkapitel wird gezeigt, was das Wolkenradar in der Schmelzschicht und in der Nähe der Schmelzschicht messen kann, wie diese Messungen aus meteorologischer Sicht interpretiert werden können und wie sich Messungen und Annahmen mit Literaturwerten decken, bzw. ergänzende Informationen liefern.

Zunächst wird auf die detektierten Schmelzschichtdicken eingegangen und darauf, wodurch diese bestimmt werden. Dabei werden die zur Detektion verwendeten Messgrößen direkt oberhalb der Schmelzschicht mit der Dicke der Schmelzschicht in Relation gesetzt. Insgesamt stehen 3781 RHI-Scans zur Verfügung, für die eine Schmelzschicht detektiert wurde. Die Höhe direkt oberhalb der Schmelzschicht wurde auf $z_t + 100\,\mathrm{m}$ festgelegt. Diese Distanz ist einerseits weit genug von der Schmelzschicht entfernt, um deren Einfluss zu minimieren und liegt andererseits ausreichend nahe an der Schmelzschicht, um Aussagen über die Eigenschaften der Eispartikel, bevor sie schmelzen, treffen zu können. Aus der Literatur ist bekannt, dass die Dicke der Schmelzschicht durch die Schmelzeigenschaften der jeweiligen Eispartikel bestimmt wird, hauptsächlich durch die Größe, Form (Verhältnis von Volumen zu Oberfläche) und Dichte (Lufteinschlüsse) der Eispartikel an der Obergrenze der Schmelzschicht.

Die Reflektivität ist stark abhängig von der Größe der schmelzenden Eispartikel (D^6-Abhängigkeit in der Rayleigh-Approximation, siehe dazu Gl. 2.7). Es ist zu erwarten, dass größere Eispartikel eine dickere Schmelzschicht verursachen als kleinere. Die Reflektivität sollte deutlich mit der Schmelzschichtdicke korrelieren. Dies zeigt sich anhand Abb. 4.7. In dieser Abbildung, wie in allen Streudiagrammen in diesem Kapitel, ist die Anzahl der Werte logarithmisch aufgetragen, wobei die Grauskalen die Zahlenwerte angeben. Dadurch wurde jede einzelne Messung oder Detektion in der Darstellung berücksichtigt. Um Zusammenhänge besser erkennen zu können, ist in Abb. 4.7 das 20., 50. und das 80. Perzentil der Reflektivität direkt oberhalb der Schmelzschicht als Funktion der Schmelzschichtdicke aufgetragen (rote Linien). In den nachfolgenden Abbildungen 4.8, 4.10 und 4.11 sind die Perzentile der jeweiligen Größe ebenfalls als Funktion der Schmelzschichtdicke rot eingezeichnet. Anhand des 50. Perzentils in Abb. 4.7 ist für Reflektivitäten geringer als $0\,\mathrm{dB}_Z$ zu erkennen, dass die Schmelzschichtdicke im Mittel um ca. $30\,\mathrm{m}$ zunimmt, wenn sich die Reflektivität um $5\,\mathrm{dB}$ erhöht. Oberhalb

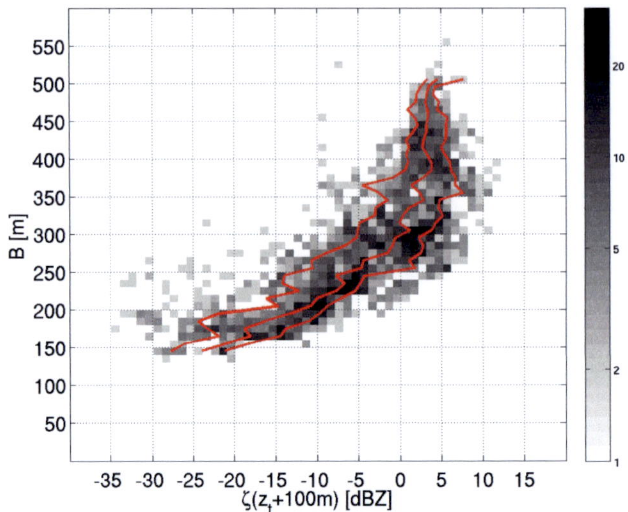

Abbildung 4.7: Streudiagramme der Schmelzschichtdicke B in m als Funktion der Reflektivität ζ in dB$_Z$ direkt oberhalb der Schmelzschicht ($z_t + 100$ m). Logarithmische Grautondarstellung der Anzahl von Detektionen. Die roten Linien kennzeichnen das 20., 50. und 80. Perzentil.

von 0 dB$_Z$ ist mit Zunahme der Schmelzschichtdicke eine abnehmende Abhängigkeit mit der Reflektivität festzustellen. Das 50. Perzentil der Reflektivität läuft bei zunehmender Schmelzschichtdicke gegen einen Grenzwert von etwa 5 dB$_Z$. Die Vermutung liegt nahe, dass die Partikel oberhalb der Schmelzschicht mit zunehmender Schmelzschichtdicke größer sind, deren Durchmesser aber vermehrt außerhalb der Rayleigh-Annahme ($\lambda \gg D$) liegen und dadurch vom Radar unterschätzt werden. Diese Vermutung wird durch Literaturdaten bestätigt: Anhand flugzeuggestützter *In-situ*-Messungen konnte gezeigt werden, dass einzelne Eispartikel an der Oberkante der Schmelzschicht Größen von bis zu 12 mm (Stewart et al., 1984) bzw. 14.5 mm (Evans et al., 2005) erreichen.

Abhängig von der Radarwellenlänge erreicht der Rückstreuquerschnitt und damit zusammenhängend die Reflektivität mit zunehmendem Partikeldurchmesser beim Übergang vom Rayleigh- zum Miebereich ein Maximum und sinkt für weiter wachsende Partikel im Miebereich auf ein Minimum, bevor der Rückstreuquerschnitt wieder ansteigt (Resonanzeffekt, vgl. Abb. 2.1). Das erste Minimum, auch Dark Band genannt, wurde bereits bei Messungen mit Radaren größerer Wellenlängen direkt oberhalb des Bright Band beobachtet (Fabry und Zawadzki, 1995; Sassen et al., 2005). Für die Wellenlänge des Wolkenradars ergibt sich näherungsweise, dass ab einem Durchmesser einer vergleichbaren homogenen, sphärischen Eiskugel von etwa 2.7 mm (vgl. Abb. 2.1) die Werte, die durch Rayleigh-Näherung ermittelt wurden, deutlich von denen abweichen, die mittels der Mie-Streuung berechnet wurden und ein Maximum errei-

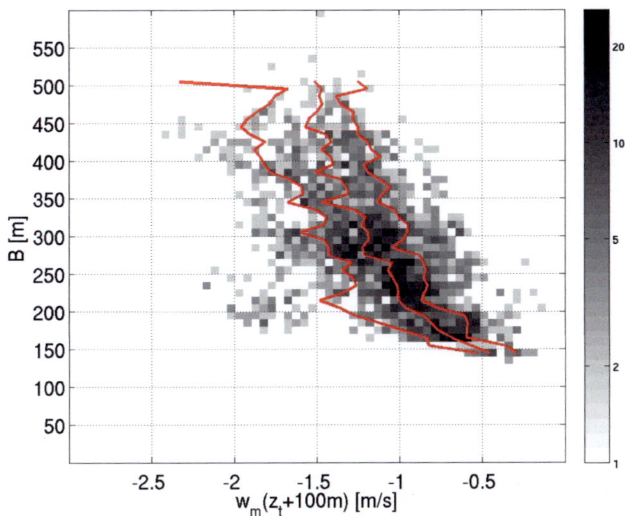

Abbildung 4.8: Wie Abb. 4.7, für das Streudiagramm der Schmelzschichtdicke B in m als Funktion der Vertikalgeschwindigkeit w_m in m/s direkt oberhalb der Schmelzschicht ($z_t + 100$ m).

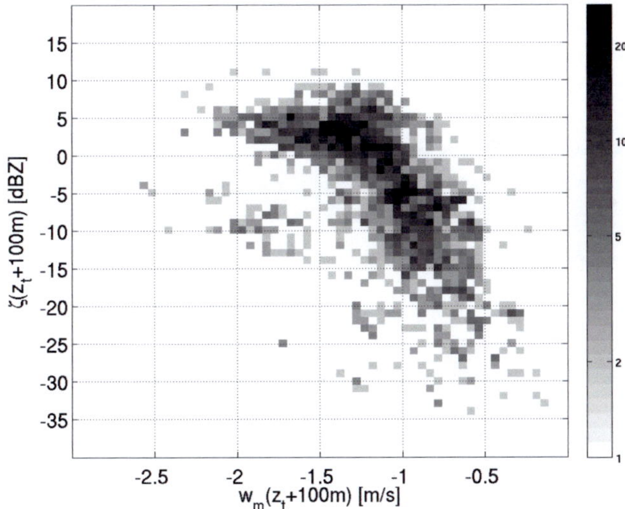

Abbildung 4.9: Streudiagramm der Reflektivität $\zeta(z_t + 100$ m$)$ in dB$_Z$ als Funktion der Vertikalgeschwindigkeit $w_m(z_t + 100$ m$)$ in m/s. Logarithmische Grautondarstellung der Anzahl von Detektionen.

chen. Dies führt zu der Hypothese, dass oberhalb der Schmelzschicht bei Schmelzschichtdicken größer als $300\,\text{m}$ zunehmend Partikel mit Durchmessern größer als $D \sim 3\,\text{mm}$ vorliegen. Die Sedimentationsgeschwindigkeit der Eispartikel, die für Reflektivitäten im Bereich von etwa $5\,\text{dB}_Z$ verantwortlich sind, liegen zwischen $1\,\text{m/s}$ und $2.5\,\text{m/s}$ (Abb. 4.9). Es ist davon auszugehen, dass die Eispartikel, die für Schmelzschichtdicken größer als $300\,\text{m}$ verantwortlich sind, eher von bereiften Eispartikeln, wie z.B. Graupel, verursacht werden und weniger von regulären Schneeflocken. Während unbereifte, mehrere Millimeter große Eispartikel (Schneeflocken) typische Sedimentationsgeschwindigkeiten von etwa $1\,\text{m/s}$ annehmen, kann Graupel auch Sedimentationsgeschwindigkeiten von deutlich über $2\,\text{m/s}$ erreichen (siehe auch Pruppacher und Klett, 1980).

Die Schmelzschichtdicke wächst mit zunehmender Sedimentationsgeschwindigkeit der Eispartikel oberhalb der Schmelzschicht (Abb. 4.8). Für Schmelzschichtdicken $\lesssim 200\,\text{m}$ führt eine Zunahme der Sedimentationsgeschwindigkeit der Eispartikel um $10\,\text{cm/s}$ zu einer Zunahme der Schmelzschichtdicke von ca. $13\,\text{m}$. Schmelzschichtdicken $\gtrsim 200\,\text{m}$ sind bei einer Zunahme der Sedimentationsgeschwindigkeit von $10\,\text{cm/s}$ um ca. $44\,\text{m}$ dicker. Eine mögliche Erklärung für die verringerte Zunahme der Sedimentationsgeschwindigkeit ist, dass mit zunehmender Größe zwar die Masse der Partikel zunimmt, aber die Oberfläche der Partikel deutlicher ansteigt und damit auch deren Reibungswiderstand. Wenn man annimmt, dass die Eispartikel in diesem Zusammenhang zunehmend komplexere Strukturen aufweisen und dabei von der sphärischen Form abweichen, müssten auch die Werte des LDR mit zunehmender Dicke der Schmelzschicht ansteigen. Der Zusammenhang ist schwach sichtbar, wenn nur das 50. Perzentil betrachtet wird (Abb. 4.10). Die große Streuung der Werte lässt allerdings keinen klar sichtbaren Zusammenhang erkennen.

Der näherungsweise lineare Zusammenhang der Sedimentationsgeschwindigkeit der Eispartikel mit der Dicke der Schmelzschicht (Abb. 4.8) legt die Vermutung nahe, dass die Schmelzdauer der Eispartikel unabhängig von ihrer Größe sein könnte. Um dies zu überprüfen, wurde die Schmelzdauer t_m (Der Index m steht für **melting**) berechnet:

$$t_m = \int_{z_b}^{z_t} \frac{1}{w_m(z)} dz \tag{4.9}$$

Der Berechnung liegt die Annahme zugrunde, dass das Profil der Sedimentationsgeschwindigkeit der Partikel durch die Schmelzschicht dem Profil der Vertikalgeschwindigkeit (w_m) des jeweiligen RHI-Scans entspricht, der auch zur Abschätzung der Schmelzschichtdicke verwendet wurde.

Eine Darstellung der Schmelzschichtdicke als Funktion der Schmelzdauer findet sich in Abb. 4.11. Für Schmelzschichtdicken zwischen $200\,\text{m}$ und $500\,\text{m}$ trifft die oben angestellte Vermutung zu. Die Schmelzdauer der Eispartikel ist annähernd konstant und liegt bei ca. $150\,s$ (50. Perzentil). Der Effekt der Abkühlung der Luft aufgrund des Phasenübergangs, wodurch,

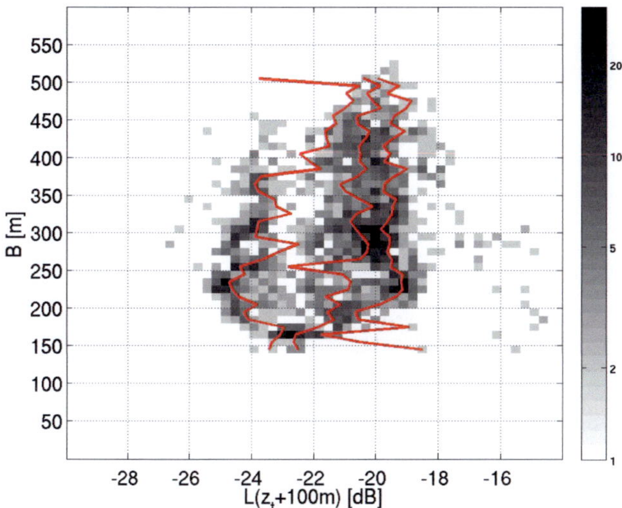

Abbildung 4.10: wie Abb. 4.7 für die Streudiagramme der Schmelzschichtdicke als Funktion des LDR L in dBdirekt oberhalb der Schmelzschicht.

abhängig vom Temperaturgradienten bevor Niederschlag einsetzt, Isothermie innerhalb der Schmelzschicht erzeugt werden könnte, ist nur für Schmelzschichtdicken unterhalb 200 m zu beobachten. Eine konstante Schmelzdauer würde dadurch möglich, dass die Temperaturzunahme der Umgebung der Eispartikel während des Fallens durch die Schmelzschicht den Schmelzvorgang beschleunigt und somit große Eispartikel näherungsweise genau so schnell vollständig geschmolzen sind wie kleinere. Gestützt wird diese Theorie dadurch, dass isotherme Luftschichten bisher überwiegend im Bereich des Oberrands der Schmelzschicht beobachtet wurden, während die Temperatur innerhalb der Schmelzschicht meist von oben nach unten zunimmt (Stewart et al., 1984).

Die Größe der Eispartikel an der Oberkante der Schmelzschicht wird bestimmt durch Wachstumsprozesse oberhalb der Schmelzschicht. Vorwiegend im Bereich zwischen -10 °C und 0 °C findet das stärkste Wachstum der Eispartikel statt (Evans et al., 2005), dabei nimmt die Reflektivität zu (Fabry und Zawadzki, 1995). Der überwiegende Wachstumsprozess wird dabei der Aggregation der Eispartikel zugeschrieben. In dieser Schicht, die in den häufigsten Fällen zwischen -8 °C und -3 °C liegt, ist meist auch das Maximum der Anzahl der Eispartikel zu finden, deren Zahl in Richtung der Schmelzschicht wieder abnimmt, während die Größe der Eispartikel zunimmt (Stewart et al., 1984; Evans et al., 2005; Woods et al., 2008). Dabei wird vermutet, dass die maximale Anzahl der Eispartikel erreicht wird, indem neue Eispartikel durch sekundäre Eisproduktion in Form von Nadeln entstehen, die durch das Absplittern von Eispartikeln während des Bereifens entstanden sind (Hallett und Mossop, 1974; Woods et al., 2008).

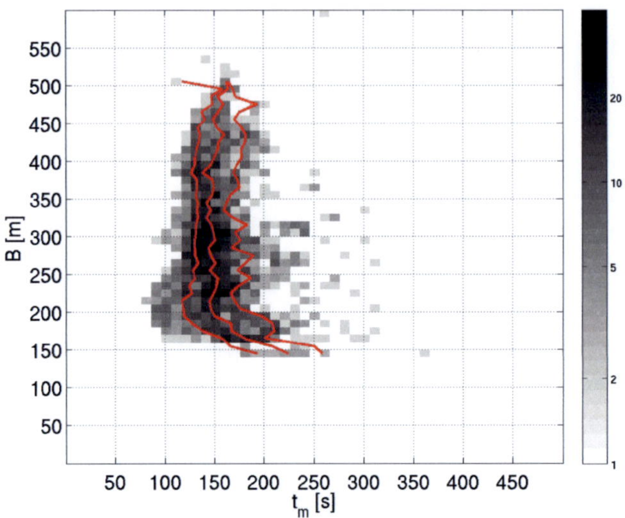

Abbildung 4.11: wie Abb. 4.7 für die Streudiagramme der Schmelzschichtdicke als Funktion der Schmelzdauer t_m in s.

Diese Wachstumsprozesse sind andeutungsweise im Median der Profile in Abb. 4.12 zu erkennen. Gezeigt sind Abweichungen der Werte der Reflektivität, des LDR und der Vertikalgeschwindigkeit vom Wert der jeweiligen Größe in der Schmelzschichthöhe z_p. Die Höhen sind ebenfalls als Abweichung von der Höhe z_p dargestellt. Das 50. Perzentil, der Median, spiegelt im Wesentlichen den in Kap. 4 beschriebenen idealen Fall zur Detektion einer Schmelzschicht wieder. Dafür wird angenommen, dass das Medianprofil der Einzelprofile die Eigenschaften der Einzelprofile wiedergibt. Oberhalb von 2.5 km nimmt die Reflektivität von oben nach unten zu, bleibt zwischen 2.5 km und 2 km fast konstant und wächst dann mit ca. 3 dB/km bis zum Oberrand der Schmelzschicht. Gleichzeitig weist die Sedimentationsgeschwindigkeit der Eispartikel ab etwa 2 km oberhalb der Schmelzschicht eine Zunahme auf. Der zuvor beschriebene Anstieg der Anzahl, gefolgt von der Größenzunahme der Eispartikel durch Aggregation unterhalb der $-10\,°$C-Isotherme wird dadurch angedeutet. Mit der Annahme eines feuchtadiabatischen Temperaturgradienten von 0.5 K/100 m ist eine Temperatur von $-10\,°$C in einer Höhe von 2 km oberhalb der Schmelzschichtoberkante zu finden. Interessant ist zudem, dass die Zunahme der Reflektivität unterhalb 2 km oberhalb der Schmelzschichthöhe für niedrige Reflektivitäten (20. Perzentil) deutlicher wird. Für höhere Reflektivitäten (80. Perzentil) ist dies nicht mehr zu erkennen. Dort spielen zunehmend konvektive Prozesse eine Rolle, die die Einzelprofile beeinflussen. Ein solches Profil der Reflektivität ist in Abb. 4.2 gezeigt.

Nachdem die Messgrößen in Bezug zu Prozessen oberhalb der Schmelzschicht und deren Einfluss auf die Schmelzschicht gesetzt wurden, folgt nun die Diskussion der Messgrößen in Bezug auf die Vorgänge innerhalb der Schmelzschicht. Aus der Literatur ist bekannt, dass zu Beginn des Schmelzprozesses ebenfalls Aggregation stattfindet, die zu einer weiteren Massezunahme der einzelnen Partikel führt. Weitere Prozesse, wie die Bereifung und die Kondensation, bzw. Deposition, tragen ebenfalls bei zum Massenwachstum und zur Erhöhung der Niederschlagsrate, teilweise Verdopplung (Evans et al., 2005). Dass zudem kleine Wolkenpartikel direkt oberhalb und innerhalb der Schmelzschicht vorhanden sein können, wurde durch Melchionna et al. (2008) gezeigt.

Das Verhalten der drei Messgrößen innerhalb der detektierten Schmelzschichten wird anhand der Ableitungen der 50. Perzentile der Messgrößen gezeigt. Dafür werden, wie in Kap. 4.2 beschrieben, aus den Profilen der 50. Perzentile die Profile $S_\zeta(z)$, $S_L(z)$, $S_w(z)$ und $S(z)$ berechnet (Abb. 4.13) und die Schmelzschichthöhe, -oberkante und -unterkante detektiert. Das Ergebnis ist in Abb. 4.13 dargestellt. Die Höhe ist als Differenz zur Schmelzschichthöhe z_p aufgetragen. Interessant ist, dass die Höhe der stärksten konvexen Krümmungen der Reflektivität (bzw. der Minima von S_ζ), die die Grenzen des Bright Band andeuten, von denen des LDR (bzw. der Minima von S_L) und von den Grenzen des stärksten Anstiegs der Vertikalgeschwindigkeit abweichen. Diese Erkenntnis war nicht in der gesichteten Literatur zu finden.

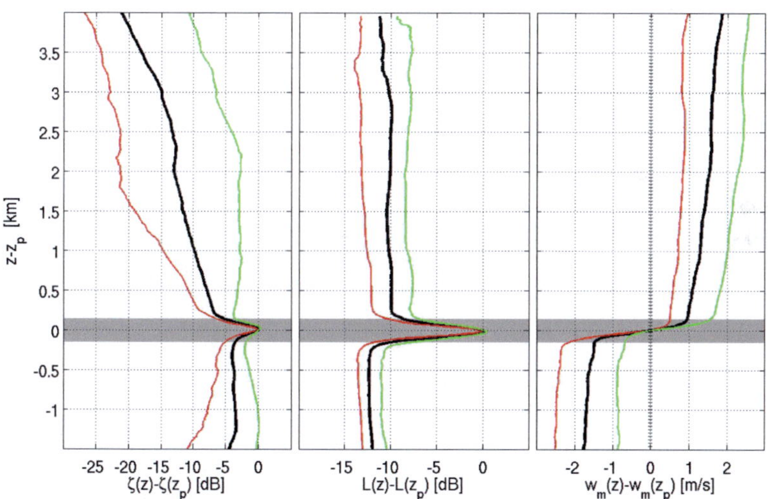

Abbildung 4.12: 20.(rot), 50.(schwarz) und 80.(grün) Perzentil der Profile der Reflektivitätsdifferenz $\zeta(z) - \zeta(z_p)$ in dB, der Differenz des LDRs $L(z) - L(z_p)$ in dB und der Differenz der Vertikalgeschwindigkeit $w_m(z) - w_m(z_p)$ in m/s als Funktion der Höhe $z - z_p$ in m. Grau unterlegt ist die detektierte Schmelzschicht.

Die automatische Detektion einer Schmelzschicht, bzw. deren Grenzen z_b, z_t und deren Höhe z_p ist erfolgreich, wenn alle drei Größen verwendet werden. Deshalb wird für die mittleren Eigenschaften der drei Größen in Bezug auf die Schmelzschichtgrenzen das Profil von $S(z)$ auf Basis der Medianprofile berechnet. Auf Basis des Profils von $S(z)$ wird die Oberkante der Schmelzschicht durch die Reflektivität und die Vertikalgeschwindigkeit und die Unterkante vorwiegend durch das LDR und die Vertikalgeschwindigkeit bestimmt (Abb. 4.13). In der zitierten Literatur lag das Hauptaugenmerk, aufgrund der meist deutlich groberen Auflösung der Messung, auf der Detektion der Schmelzschicht. Die unterschiedliche Reaktion der Messgrößen in Bezug auf die Schmelzschichtgrenzen wurde nicht analysiert. Eine detaillierte Betrachtung darüber, welche Messgröße in welcher Höhe ein Signal zur Detektion der Schmelzschichtgrenzen liefert, wurde nicht durchgeführt. Das in dieser Arbeit gezeigte Ergebnis (Abb. 4.13) ermöglicht erstmals die Angabe von Zahlenwerten für den Unterschied der detektierten Schmelzschichtoberkanten und -unterkanten verschiedener Messgrößen.

In Abb. 4.13 ist zu erkennen, dass oberhalb der Schmelzschichthöhe z_p das Minimum des Schmelzschichtindex auf Basis der Reflektivität ($S_\zeta(z)$) und der Anstieg des Schmelzschichtindex auf Basis der Vertikalgeschwindigkeit ($S_w(z)$) knapp oberhalb der Oberkante der Schmelzschicht zu finden ist. Etwa 40 m darunter, bereits innerhalb der detektierten Schmelzschicht ist das Minimum des Schmelzschichtindex auf Basis des LDR ($S_L(z)$) zu sehen. Der Vergleich der Maxima ergibt, dass das Maximum des Profils von $S_\zeta(z)$ ca. 20 m oberhalb und die Maxima von $S_L(z)$, $S_w(z)$ ca. 20 m unterhalb des Maximums des Schmelzschichtindex $S(z)$ liegen. Unterhalb der Schmelzschichthöhe z_p ist das Minimum des Profils von $S_L(z)$ an der Schmelzschichtunterkante, der Übergang zu näherungsweise konstanten Werten für $S_w(z)$ direkt darunter und das Minimum des Profils von $S_\zeta(z)$ ca. 50 m darüber zu erkennen. Die Oberkante der Schmelzschicht wird im Wesentlichen durch Änderungen in der Reflektivität und in den Vertikalgeschwindigkeiten bestimmt, während die Unterkante durch Änderungen in den Werten des LDR und der Vertikalgeschwindigkeit bestimmt werden.

Zur Veranschaulichung der Vorgänge innerhalb der Schmelzschicht, in Bezug auf die detektierte Schmelzschicht aus den Medianprofilen, werden aus der Literatur bekannte Vorgänge in den Zusammenhang der gezeigten Profile (Abb. 4.13) zur Detektion der Schmelzschichtgrenzen gebracht. Eine Hypothese wird aufgestellt, welche die Reihenfolge und Relevanz der wesentlichen Prozesse und Auswirkungen der Prozesse, die in der detektierten Schmelzschicht während des Sedimentierens der Partikel zum Tragen kommen, spezifizieren und die gezeigten Profile erklären soll:

1. Die Eispartikel (Aggregate, hauptsächlich Schneeflocken und Graupel) beginnen an den Oberflächen zu schmelzen. Dadurch wird die Aggregation effizient, da die Hydrometeore nun effektiver zusammenhaften können. Die mittlere Größe der Hydrometeore nimmt dabei weiter zu, die Reflektivität und die Sedimentationsgeschwindigkeit steigen an.

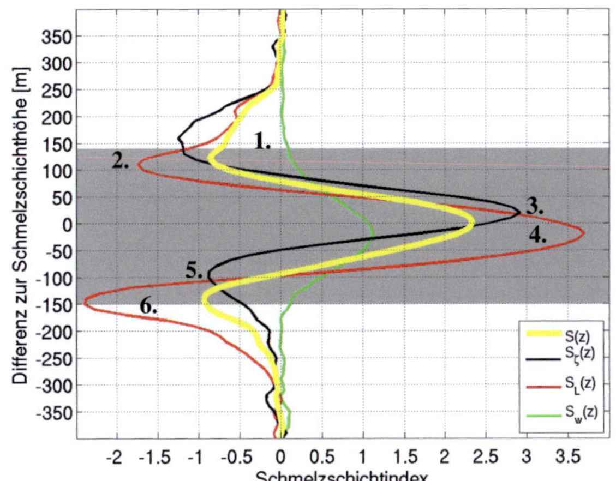

Abbildung 4.13: Profile relativ zur Schmelzschichthöhe z_p von $S_\zeta(z)$, $S_L(z)$, $S_w(z)$ auf Basis des 50. Perzentils aller Profile, für die eine Schmelzschicht detektiert wurde. Grau unterlegt ist die daraus detektierte Schmelzschicht. Beschriftung 1. bis 6. siehe Text.

2. Durch die Aggregation und Bereifung von Hydrometeoren wachsen diese weiter an und die Form der Hydrometeore ändert sich hin zu komplexeren, asphärischen Partikeln und eine flüssige Oberfläche bildet sich um die Eispartikel. Das LDR steigt an. Gleichzeitig nimmt der Dielektrizitätsfaktor mit zunehmendem Wassergehalt der Hydrometeore ab und die Reflektivität steigt weiter an (Größeneffekt).

3. Da die Aggregation anhält, nimmt die Sedimentationsgeschwindigkeit der Hydrometeore weiter zu und die Anzahl der Hydrometeore pro Volumeneinheit ab. Dies wirkt der Zunahme der Reflektivität entgegen. Ist die Reflektivität maximal, wirkt dieser Prozess genau der Zunahme des Dielektrizitätsfaktors und dem Wachstum der Hydrometeore entgegen.

4. Im weiteren Schmelzen der Hydrometeore fließen zunehmend flüssige Partikel zusammen (Koagulation), und ehemals nichtsphärische Partikel beginnen in sphärische überzugehen. Das Maximum des LDR ist dabei erreicht, wenn dieser Prozess genau der Aggregation von noch vorhandenen Eispartikeln zu komplexeren Partikelformen entgegen wirkt. Durch die Annäherung der Form der Hydrometeore an eine Kugel sinkt auch der Strömungswiderstand der Hydrometeore und die höchste Geschwindigkeitszunahme der Hydrometeore wird erreicht.

5. Die Geschwindigkeitszunahme wird dadurch reduziert, dass immer weniger langsam fallende Eispartikel vorhanden sind. Dadurch steigen die Abstände der Partikel zueinander kaum noch und die Anzahl der Partikel pro Volumeneinheit nimmt noch minimal ab.

Dieser Abnahme steht die Zunahme des Dielektrizitätsfaktors entgegen und führt dazu, dass die Reflektivität kaum noch sinkt. Die Unterkante der Schmelzschicht, die durch eine starke konkave Krümmung der Reflektivitätswerte (als Funktion der Höhe) bestimmt wird, ist erreicht, der Schmelzprozess aber noch nicht abgeschlossen.

6. Sind alle Eispartikel vollständig geschmolzen, liegen die Hydrometeore am Ende des Schmelzprozesses näherungsweise sphärisch vor, das LDR erreicht niedrige Werte und die Geschwindigkeitszunahme der Hydrometeore endet. Es liegen nur noch Wassertropfen vor. Diese können koagulieren und größere Regentropfen bilden, aber auch durch Stoßprozesse zerfallen (Breakup). Anhand Abb. 4.12 ist zu erkennen, dass sich die Werte aller Größen unterhalb der Schmelzschicht nur noch geringfügig ändern. Bei genauerer Betrachtung ist allerdings unterhalb der Schmelzschicht, bis zu einer Höhe von 1 km unterhalb der Unterkante, eine leichte Zunahme der Sedimentationsgeschwindigkeit zusammen mit einer geringen Zunahme der Reflektivität erkennbar. Daraus lässt sich schließen, dass die Tropfen weiter wachsen und die Zunahme der Tropfengröße durch Koagulation etwas effektiver abläuft als der Breakup-Prozess.

4.4 Zusammenfassung

Die Schmelzschicht wurde bisher meist mit einer Kombination von Messgrößen aus Volumenscans mit Niederschlagsradaren oder mit einem zeitlichen Mittel einzelner Messgrößen vertikal zeigender Wolkenradare detektiert. In dieser Arbeit wurde erstmals ein Algorithmus vorgestellt, der mit der Kombination dreier Größen arbeitet, die aus Messungen eines Scan-fähigen Wolkenradars abgeleitet wurden. Dieser Algorithmus ermöglicht die Berechnung der Höhe der Schmelzschicht, sowie die Ober- und Unterkante der Schmelzschicht. Die zur Detektion verwendeten Größen sind die Reflektivität, das lineare Depolarisationsverhältnis und die Vertikalgeschwindigkeit der Streuer. Der Vorteil dieses Detektionsverfahrens ist, dass für Messungen, die der Untersuchung der Entwicklung der Wolke dienen, auch die Schmelzschicht mit deren Dicke detektiert werden kann, ohne das Scan-Verfahren ändern zu müssen. Messungen einer vertikal ausgerichteten Antenne zwischen den RHI-Scans sind dadurch nicht notwendig, um die Schmelzschicht zu detektieren. Ein weiterer Vorteil gegenüber bisher angewandten Detektionsalgorithmen ist die große Höhenauflösung der Schmelzschichtgrenzen. Die Resultate der statistische Auswertung der detektierten Schmelzschichtgrenzen sind nachfolgend aufgeführt.

Anhand der ermittelten Schmelzschichtgrenzen konnten im Messzeitraum Schmelzschichtdicken von 150 m bis 500 m beobachtet werden. Die detektierten Schmelzschichten wurden auch auf Zusammenhänge der drei Größen mit der Schmelzschichtdicke untersucht. Dabei wurde gezeigt, dass für Reflektivitäten kleiner $0\,\mathrm{dB_Z}$ (entspricht einer Schmelzschichtdicke von etwa 300 m) bei einer Zunahme der Reflektivität direkt oberhalb der Schmelzschicht um ca. 5 dB die Schmelzschichtdicke um 30 m größer ist. Für Reflektivitäten größer 0 dB$_Z$ ist jedoch eine Abweichung dieses Zusammenhangs zu erkennen, der bereits in der Literatur beschrieben wurde. Betrachtet man den Median der Schmelzschichtdicke als Funktion der Reflektivitäten, nimmt die Schmelzschichtdicke für Reflektivitäten größer 0 dB$_Z$ weiter zu, von 300 m auf knapp über 500 m , während die Reflektivitäten gegen einen Grenzwert von etwa 5 dB$_Z$ laufen. Dies liegt in der Größe der Partikel begründet. Die Rayleighannahme ist nicht mehr gültig, da sich der Durchmesser der Eispartikel der Radarwellenlänge annähert.

Anhand der gezeigten Messwerte und theoretischen Werte für den Rückstreuquerschnitt wurde gezeigt, dass der mittlere Durchmesser der Partikel direkt oberhalb der Schmelzschicht für Schmelzschichtdicken von mehr als 300 m mehr als $\approx$ 3 mm beträgt.

Nimmt die Sedimentationsgeschwindigkeit der Streuer direkt oberhalb der Schmelzschicht um ca. 9 cm/s zu, erhöht sich die Schmelzschichtdicke ebenfalls um 30 m. Dies gilt für Schmelzschichtdicken größer als etwa 200 m. Daraus geht hervor, dass die Eispartikel mit zunehmender Größe eine dickere Schmelzschicht verursachen.

Bei Betrachtung der Mediane fällt auf, dass für Partikel mit Reflektivitäten $\gtrsim$ -10 dB$_Z$ und Sedimentationsgeschwindigkeiten $\gtrsim$ 1 m/s die Schmelzdauer konstant ist. Der Median der Schmelzschichtdicke als Funktion der Schmelzdauer zeigt dabei konstante Werte von 150 s für Schmelzschichtdicken zwischen 200 m und 500 m. Das bedeutet, dass ein Ensemble von Eispartikeln unabhängig ihrer mittleren Größe und Form die gleiche Zeit zum Schmelzen benötigen würde. Daraus lässt sich schließen, dass ein Ensemble von Hydrometeoren, die aufgrund ihrer größeren Masse im Laufe des Schmelzvorgangs größere Sedimentationsgeschwindigkeiten annehmen als ein Ensemble von Hydrometeoren geringerer Masse, in wärmere Luftschichten fallen und der Schmelzprozess in dem Maße beschleunigt wird, dass die Schmelzdauer konstant bleibt. Für geringere Reflektivitäten ($\lesssim$ -10 dB$_Z$) und Sedimentationsgeschwindigkeiten ($\lesssim$ 1 m/s) nimmt die Schmelzdauer mit der Dicke der Schmelzschicht zu. Vermutlich ist der Effekt der Abkühlung der Luft aufgrund des Phasenübergangs von Eis-Partikeln zu Wasser-Partikeln dominierend und innerhalb der Schmelzschicht herrscht weitgehend Isothermie vor. Hierfür müssten, im Unterschied zu Schmelzschichtdicken innerhalb der die Schmelzdauer konstant ist, eine große Anzahl kleinerer Hydrometeore vorliegen, die einen großen Beitrag zur Abkühlung leisten. Durch den geringeren Durchmesser ist zudem der Weg während des Schmelzens geringer und die Schmelzdauer ist abhängig vom Durchmesser des Partikel-Ensembles.

Zum Schluss wurden die Median-Profile, sowie Profile des 20. und 80. Perzentils der drei Messgrößen diskutiert. Die Mediane zeigen andeutungsweise ein Wachstum von Eiskristallen oberhalb der Schmelzschicht. Für niedrigere Reflektivitäten (unterhalb des Medians) ist dies deutlicher zu erkennen. Zur Schmelzschicht hin nehmen die Reflektivität und die Sedimentationsgeschwindigkeit der Streuer zu. Die Größe der Eispartikel nimmt zu, Schneeflocken und

Graupelpartikel werden gebildet. In der Schmelzschicht sind typische lokale Maxima der Reflektivität und des LDR, sowie eine Zunahme der Sedimentationsgeschwindigkeit zu erkennen. Die hohe räumliche Auflösung der Messung erlaubt eine differenziertere Betrachtung der Eigenschaften der drei Messgrößen innerhalb der Schmelzschicht. Die Schmelzschichtgrenzen der jeweiligen Größe weichen dabei ab von der klassischen Vorstellung (z.B. Houze, 1993) und Unterschiede in der Höhe der detektierten Grenzen sind erkennbar und können abgeschätzt werden. So wird die Oberkante der Schmelzschicht bestimmt durch ausgeprägte Änderungen der Sedimentationsgeschwindigkeit und der Reflektivität, die beide ansteigen. Die schmelzschichtbedingten Änderungen der Werte des LDR erfolgen ca. 40 m unterhalb. Die Unterkante der Schmelzschicht wird dagegen bestimmt durch Änderungen der LDR-Werte und der Sedimentationsgeschwindigkeit. Die Änderungen der Reflektivität ist ca. 50 m oberhalb zu erkennen.

Das LDR zeigt die deutlichsten Signale innerhalb der Schmelzschicht und ist der beste Indikator für das Vorhandensein einer Schmelzschicht. Da das LDR allerdings nicht immer zur Verfügung steht, ist die Detektion mit kombinierten Messgrößen erfolgreicher. Für die möglichst genaue Bestimmung der Schmelzschichtgrenzen ist die kombinierte Betrachtung der drei Größen wiederum von Vorteil, da diese abhängig vom Stadium des Schmelzprozesses zu verschiedenen Zeitpunkten des Schmelzvorgangs reagieren.

Der in diesem Kapitel vorgestellte Algorithmus in Verbindung mit räumlich hoch aufgelösten Radar-Messungen eines Scan-fähigen Radars ermöglicht eine detailliertere Betrachtung der Schmelzschicht als dies bisher mit Hilfe von Radardaten geschehen ist.

5 Dynamik in Wolken

Die Vielfältigkeit der Größe und Form von Wolken spiegelt die Variationen der dynamischen Prozesse wieder, die für die Entstehung von Wolken und deren weiterer Entwicklung verantwortlich sind. In diesem Kapitel werden Verfahren gezeigt, aus Radardaten Größen abzuleiten, die dynamische Vorgänge in Wolken aufzeigen. Im Zuge dessen wird eine neue Größe eingeführt, die residuale Geschwindigkeit, die bisher in der Radarmeteorologie noch nicht verwendet wurde. Am Ende des Kapitels schließt sich die Interpretation der durch die Verfahren sichtbar gemachten dynamischen Prozesse in Wolken an.

Um dynamische Prozesse in Wolken erkennen und verfolgen zu können, sind zeitlich hoch aufgelöste zweidimensionale Messungen der Streuergeschwindigkeiten von Vorteil. Zu diesem Zweck wurden Dopplermessungen während RHI-Scans in die gleiche Scanrichtung im zeitlichen Abstand von 30 Sekunden durchgeführt (Kap. 3.4.3). Die dabei aufgezeichneten radialen Geschwindigkeiten können, bei Überschreiten der Nyquistgeschwindigkeit, gefaltet vorliegen und müssen zur weiteren Analyse zuvor entfaltet werden (Kap. 2.4.1). Die Faltungen der Radialgeschwindigkeiten, die größer als die Nyquistgeschwindigkeit sind, werden am Beispiel einer RHI-Messung mit MIRA36-S gezeigt (Abb. 5.1). Am Farbumschlag von maximalen positiven Geschwindigkeiten (dunkelrot) auf maximale negative Geschwindigkeiten (dunkelblau) ist dieses Artefakt erkennbar. Deutlich sieht man auch, dass die Obergrenze der Wolkenschicht

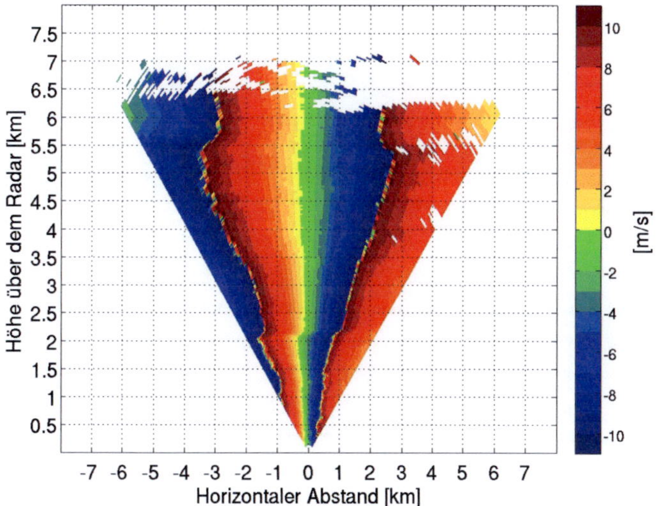

Abbildung 5.1: Gemessene radiale Hydrometeor-Geschwindigkeit $v_{r,S}$ mit Faltung vom 24.11.2009, 10:53 UTC (MIRA36-S, RHI, Azimut $\alpha = 288°$).

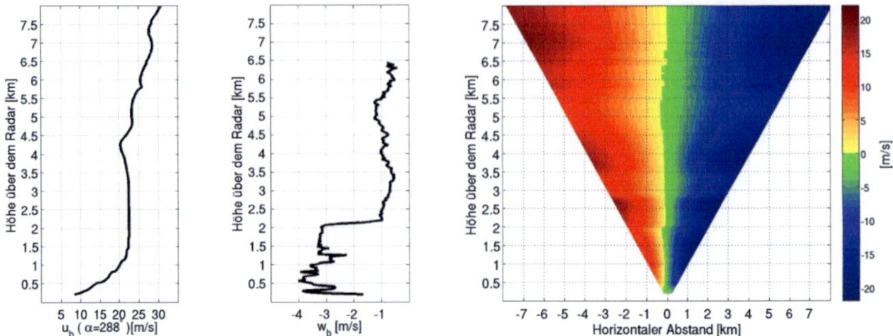

Abbildung 5.2: Links: Profil der horizontalen Hintergrundgeschwindigkeit u_b. Mitte: Profil der mittleren Vertikalgeschwindigkeit w_b aus der zenitalen RHI-Messung. Rechts: Aus den Profilen (links) berechnete Radialgeschwindigkeiten in Scan-Richtung ($\alpha = 288\,^\circ$)

bei 6.5 km liegt. Bei genauer Betrachtung erkennt man in einer Höhe von gut 2 km einen Geschwindigkeitssprung. Dies ist die Schmelzschicht (siehe Kap. 4).

Es ist möglich, die gemessenen Radialgeschwindigkeiten zu entfalten, indem ein radiales Hintergrundwindfeld abgeschätzt wird (Kap. 2.4.1). Dieses radiale Hintergrundwindfeld wird auf Basis von Messungen des Horizontalwindes weiterer Messinstrumente (Abschätzung eines Horizontalwindprofils) und ergänzend mit Messungen der Vertikalgeschwindigkeit der Streuer mit dem Wolkenradar (Abschätzung eines Vertikalwindprofils) bestimmt. Nach der Entfaltung nach Hennington (1981) (Kap. 2.4.1) werden im letzten Schritt des Entfaltungsvorgangs fehlerbehaftete Werte, die im Übergangsbereich der Faltung liegen, für die weitere Bearbeitung ausgeschlossen. Schrittweise wird für die Entfaltung folgendermaßen vorgegangen:

1. Berechnung des Horizontalwind-Profils $u_b(z)$: Mit einem in der Nähe stehenden C-Band Radar werden im operationellen Betrieb jede zehn Minuten Volumenscans durchgeführt und mittels des VVP[1]-Algorithmus von Waldteufel und Corbin (1979) die Richtung und Stärke des Horizontalwinds bestimmt. Diese Werte sind repräsentativ für ein Volumen, das aufgespannt wird mit Elevationen zwischen 0.4° und 30° und einer maximalen Reichweite von 120 km. Nun kann der Fall eintreten, dass das C-Band Radar in einem Höhenintervall keine genügend großen Streuer detektiert, das Wolkenradar aber doch. Dann werden Windprofile aus operationellen Radiosondenmessungen verwendet. Dabei sollten möglichst viele Stationen verwendet werden, die nahe am Radarstandort liegen. Der Grund dafür ist, dass standortbezogene Abweichungen der Windrichtung und Windgeschwindigkeit durch sich schnell ändernde meteorologische Bedingungen, beispielsweise bei Frontdurchgängen, minimiert werden sollen. Im vorliegenden Fall wurden Sta-

---

[1]Velocity Volume Processing

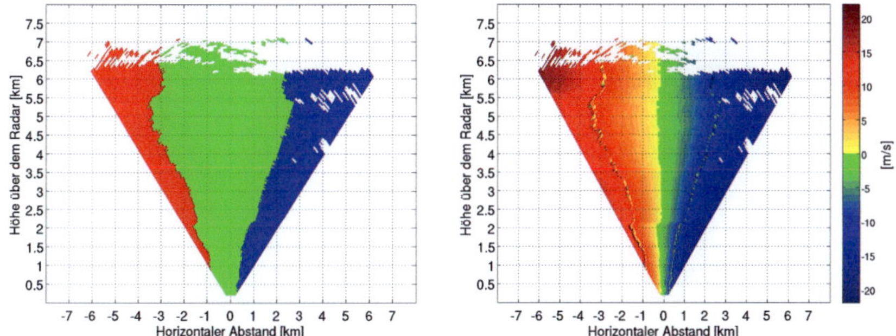

Abbildung 5.3: Wie Abb. 5.1, links: Nyquistzahl n mit Werten von -1 (rot), 0 (grün), 1 (blau), rechts: entfaltete Radialgeschwindigkeiten

tionen gewählt, die möglichst nahe am Radarstandort liegen und an denen mindestens jede 12 Stunden Radiosonden gestartet werden. Zum einen ist dies Stuttgart/Schnarrenberg, die ca. 63 km in süd-östlicher Richtung vom Radarstandort entfernt liegt, zum anderen die Station Idar-Oberstein, die ca. 106 km in nord-westlicher Richtung vom Radarstandort entfernt ist. Die Profile beider Stationen werden für jeden Aufstieg (Startzeiten sind 0 UTC und 12 UTC) gemittelt und zeitlich interpoliert auf den Zeitpunkt des jeweiligen RHI-Scans. Um aus den mit Radar und Radiosonde gemessenen Geschwindigkeiten ein einheitliches Windprofil zu erstellen, werden die Profile zunächst auf ein Gitter interpoliert, das den Höhenstufen des Wolkenradars entspricht. Die Abschätzung des Horizontalwinds in Richtung des RHI-Scans $u_b(z)$ ist dann gegeben durch

$$u_b(z) = u_{C,R}(z)\,\cos[\alpha_{C,R}(z) - \alpha] \tag{5.1}$$

Dabei ist α der Azimut des RHI-Scans, $u_{C,R}(z)$ die kombinierte horizontale Windgeschwindigkeit, $\alpha_{C,R}(z)$ die kombinierte horizontale Windrichtung (Indizes C, R und b stehen jeweils für **C**-Band, **R**adiosonde und **b**ackground). Ein Profil-Beispiel für $u_b(z)$ ist für den 24.11.2010, 10:53 UTC in Abb. 5.2, links, gezeigt. Die Komponente des Horizontalwindes in Richtung des RHI-Scans ($\alpha = 288\,°$) nimmt im untersten Kilometer stark mit der Höhe zu und überschreitet 20 m/s, stagniert bis zu einer Höhe von ca. 4.5 km und steigt dann mit der Höhe weiter an.

2. Berechnung des Profils der Vertikalgeschwindigkeit $w_b(z)$: Da keine Messungen der Vertikalgeschwindigkeit existieren, wird das Profil aus Messungen des Wolkenradars abgeleitet. Hierfür werden die radialen Geschwindigkeiten der RHI-Messungen des Wolkenradars für Zenitwinkel von $\epsilon_Z = 0\,° \pm 4\,°$ gemittelt. Der Zenitwinkelbereich wurde so gewählt, dass einerseits möglichst viele Messungen berücksichtigt werden können und andererseits der Betrag der Horizontalgeschwindigkeit des Windes zur radialen Geschwindigkeit gering bleibt (bei einer Auflösung von $\Delta\epsilon_Z = 1.23\,°$ (Kap. 3.2) stehen

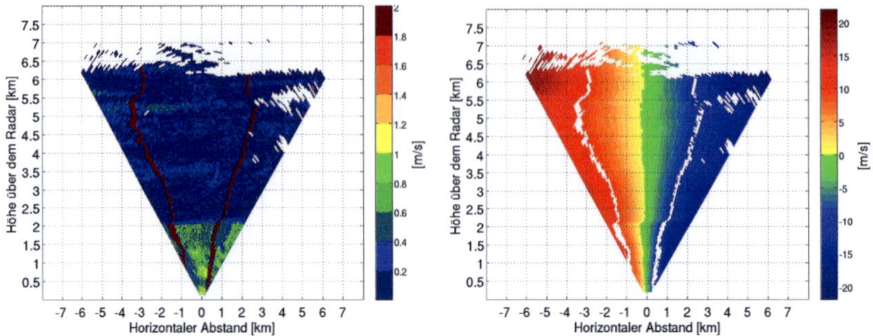

Abbildung 5.4: Links: Doppler-Streubreite, rechts: Faltungsübergangsbereinigte radiale Geschwindigkeiten

6 bis 7 Vertikal-Messungen eines RHI-Scans zur Verfügung). Die Variabilität der Werte ist zwar noch immer hoch (Abb. 5.2, mitte), dennoch sind klar Bereiche unterschiedlicher Vertikalgeschwindigkeit sichtbar. Ein Bereich langsam fallender Partikel befindet sich oberhalb etwa 2.2 km, hier fallen Eispartikel mit ca. 1 m/s. Ein Bereich schnell fallender Partikel liegt unterhalb 2.0 km, hier fallen Tropfen mit $2-4$ m/s. Dazwischen befindet sich die Schmelzschicht, die mit einer starken Zunahme der Fallgeschwindigkeit einhergeht (siehe auch Kap. 4).

3. Berechnung des radialen Hintergrundwindfeldes $v_b(R, \epsilon_Z)$: Die abgeschätzte mittlere Horizontal- und Vertikalgeschwindigkeit des Windes müssen nun noch auf eine Ebene radialer Geschwindigkeiten, vergleichbar mit einer RHI-Messung, projiziert und addiert werden zu

$$v_b(R, \epsilon_Z) = u_b(z)\,\sin(\epsilon_Z) + w_b(z)\,\cos(\epsilon_Z), \tag{5.2}$$

mit $z = R\cos(\epsilon_Z)$. Ein Beispiel für das berechnete radiale Hintergrundwindfeld auf Basis der Hintergrundprofile der mittleren Horizontal- und Vertikalgeschwindigkeit ist, konsistent zu Abb. 5.1, in Abb. 5.2, rechts, für den 24.11.2009, 10:53 UTC gezeigt.

4. Mit Hilfe des radialen Hintergrundwindfeldes folgt die Berechnung der Nyquistzahl (Gl. 2.11). Damit sind die Faltungsbereiche und die Richtung der Faltung detektiert (Abb. 5.3, links) und die gemessene Radialgeschwindigkeit kann entfaltet werden (Gl. 2.12). Das Ergebnis der Entfaltung ist in Abb. 5.3, rechts dargestellt. Einzig am Übergangsbereich der Faltung sind Artefakte zu erkennen, die sich von den umgebenden Werten deutlich abheben.

5. Bereinigung des Faltungsübergangs: Der Faltungsübergang zeichnet sich dadurch aus, dass die Geschwindigkeiten der Streuer in jedem Range Gate oberhalb und unterhalb der Nyquistgeschwindigkeit (Kap. 2.4.1) liegen und so die spektrale Breite deutlich erhöhen (Abb. 5.4, links, brauner vertikaler, linienartiger Bereich). Mit der Wahl eines empirischen

Grenzwertes für die spektrale Breite von 2.2 m/s werden nahezu alle artifiziellen Radialgeschwindigkeiten am Faltungsübergang detektiert und zur weiteren Verarbeitung der Geschwindigkeitsdaten nicht mehr berücksichtigt (Abb. 5.4, rechts). Eine Interpolation der dadurch entstandenen Lücken wurde bewusst vermieden. Nach der Berechnung der residualen Geschwindigkeiten (nachfolgendes Kapitel) und der anschließenden Betrachtung einzelner Strukturen würden gemittelte Bereiche die Deutung der Werte zusätzlich erschweren.

5.1   Berechnung der residualen Geschwindigkeiten

Allein mit den entfalteten radialen Geschwindigkeiten lässt sich noch nicht sehr viel über die Eigenschaften und die Entwicklung der gemessenen Wolke, bzw. deren Niederschlag aussagen. Direkt ableiten lässt sich das Profil der Vertikalgeschwindigkeit im Zenit (Abb. 5.2, mitte) und, mit der Annahme, dass der horizontale Anteil der Radialgeschwindigkeit der bestimmende ist, bei einem Zenit-Winkel von 45 Grad, die mittlere Horizontalgeschwindigkeit der Streuer. Beispielsweise anhand Abb. 5.4, rechts, läßt sich die Horizontalgeschwindigkeit in einer Höhe von 6 km zu ca. $(18 \text{ m/s})/\sin(45\,°) = 25.5$ m/s abschätzen.

Die Vertikalgeschwindigkeit im Zenit ist weder die mittlere Vertikalgeschwindigkeit im gesamten Messbereich, noch charakterisiert sie vertikale Umlagerungen im gesamten Messbereich, sondern lediglich die vertikalen Bewegungen in einer, im Vergleich zum gesamten Messbereich, sehr kleinen Fläche (bzw. eine Linie). Wie bereits im vorigen Kapitel beschrieben, lässt sich mit dieser Vertikalgeschwindigkeit zumindest der Niederschlagsbereich flüssiger Hydrometeore (Regen), der mit höheren Vertikalgeschwindigkeiten einhergeht (Abb. 5.2, mitte), von dem Bereich trennen, in dem vorwiegend Eispartikel vorliegen. Ob vertikale Umlagerungen innerhalb der Wolke stattfinden und in welchem Umfang, lässt sich mit den entfalteten radialen Daten nicht direkt bestimmen. Deshalb wird nun eine neue Größe eingeführt, mit deren Hilfe es möglich sein wird, diese Umlagerungen und deren Entwicklung abzuschätzen. Diese Größe wird nachfolgend als residuale Geschwindigkeit bezeichnet.

Ausgangspunkt zur Berechnung der residualen Geschwindigkeit ist die Beobachtung, dass die entfalteten radialen Geschwindigkeiten im Wesentlichen von großräumigen, horizontalen Windfeldern und dem mittleren Profil der Vertikalgeschwindigkeit der Streuer abhängen. Diese großräumigen Strukturen sollen von den radialen Doppler-Geschwindigkeiten separiert werden, um Strukturen auf kleineren Skalen, gekennzeichnet durch die residuale Geschwindigkeit, sichtbar zu machen.

Zur Separation der mittleren horizontalen und vertikalen Komponenten der Radialgeschwindigkeiten ist es sinnvoll, die Daten auf ein gleichmäßiges kartesisches Gitter zu interpolieren.

Für Daten des Wolkenradars ist die Gitterlänge in x- und z-Richtung jeweils 30 m und entspricht somit der Länge eines Range Gates. Damit wird eine schichtweise Analyse der Daten gewährleistet. D.h. für jedes Höhenintervall werden die Windfelder separat abgeleitet mit nachfolgend beschriebener Methode. Hierzu wird der Ansatz gemacht, dass sich die in kartesischen Koordinaten vorliegenden entfalteten radialen Geschwindigkeiten $v_r(x, z)$ formal aufgespalten lassen in ein großskaliges Windfeld $v^*(x, z)$ und ein residuales Windfeld $v_{\mathrm{Res}}(x, z)$ gemäß

$$v_r(x, z) = v^*(x, z) + v_{\mathrm{Res}}(x, z) \tag{5.3}$$

Das großskalige Windfeld wird konzeptionell zerlegt in einen Anteil, der von der lokalen Horizontalgeschwindigkeit $\tilde{u}(x, z)$ abhängt und in einen Anteil, der von der lokalen Vertikalgeschwindigkeit $\tilde{w}(x, z)$ abhängt. Für die lokalen Geschwindigkeiten wird eine lineare Näherung angenommen:

$$\begin{aligned}
\tilde{u}(x, z) &= u_m(z) + \frac{\partial u}{\partial x}(z)\, x \\
\tilde{w}(x, z) &= w_m(z) + \frac{\partial w}{\partial x}(z)\, x
\end{aligned} \tag{5.4}$$

Dabei sind $u_m(z)$ und $w_m(z)$ jeweils die mittleren Horizontal- und Vertikalgeschwindigkeiten, $\partial u/\partial x(z)$ und $\partial w/\partial x(z)$ sind die jeweiligen mittleren Gradienten der Horizontal- und Vertikalgeschwindigkeiten in x-Richtung. Einzelne Terme der rechten Seite (Gl. 5.4), bzw. Kombinationen davon werden aus den entfalteten Radialgeschwindigkeiten durch die Minimierung einer Kostenfunktion, wie im Folgenden ausführlich beschrieben, abgeleitet.

Terme, die Ableitungen nach z enthalten, werden nicht berücksichtigt, da während der Berechnung schichtweise vorgegangen wird und jedes Höhenintervall separat berücksichtigt wird. Ein separiertes Höhenintervall enthält keine Information über die vertikale Änderung der lokalen Geschwindigkeiten. Weitere Terme der lokalen Geschwindigkeit werden vernachlässigt, mit der Annahme, dass diese klein sind, verglichen mit den gewählten Termen. Das großskalige Windfeld ist durch die Approximation definiert zu

$$\begin{aligned}
v^*(x, z) &= \tilde{u}(x, z)\, \sin(\epsilon_Z(x, z)) + \tilde{w}(x, z)\, \cos(\epsilon_Z(x, z)) \\
&= \left(u_m(z) + \frac{\partial u}{\partial x}(z)\, x \right) \sin(\epsilon_Z(x, z)) + \left(w_m(z) + \frac{\partial w}{\partial x}(z)\, x \right) \cos(\epsilon_Z(x, z))
\end{aligned}$$
$$\tag{5.5}$$

mit dem Zenitwinkel $\epsilon_Z(x, z)$, der horizontalen Koordinate x und der vertikalen Koordinate z. Mit $x = z \tan(\epsilon_Z(x, z))$ kann Gleichung 5.5 geschrieben werden als

$$
\begin{aligned}
v^*(x, z) &= u_m(z) \sin(\epsilon_Z(x, z)) + \frac{\partial u}{\partial x}(z) \, z \, \frac{\sin^2(\epsilon_Z(x, z))}{\cos(\epsilon_Z(x, z))} \\
&\quad + w_m(z) \cos(\epsilon_Z) + \frac{\partial w}{\partial x}(z) \, z \, \sin(\epsilon_Z(x, z)) \\
\\
&= \left(u_m(z) + \frac{\partial w}{\partial x}(z) \, z \right) \sin(\epsilon_Z(x, z)) \\
&\quad + \left(w_m(z) - \frac{\partial u}{\partial x}(z) \, z \right) \cos(\epsilon_Z(x, z)) \\
&\quad + \left(\frac{\partial u}{\partial x}(z) \, z \right) \frac{1}{\cos(\epsilon_Z(x, z))}
\end{aligned} \tag{5.6}
$$

Aus Messungen können dann mit der Methode der kleinsten Quadrate drei linear unabhängige Terme

$$
\left(u_m(z) + \frac{\partial w}{\partial x}(z) \, z \right), \quad \left(w_m(z) - \frac{\partial u}{\partial x}(z) \, z \right), \quad \left(\frac{\partial u}{\partial x}(z) \, z \right). \tag{5.7}
$$

berechnet werden. Dies wird realisiert mit der Minimierung der Kostenfunktion

$$
J(z) = \sum_{i=1}^{n} (v_r(x_i, z) - v^*(x_i, z))^2 \tag{5.8}
$$

Dabei entspricht i dem jeweiligen Gitterpunkt auf der Abszisse.

Es stehen nicht immer in jedem Höhenintervall ausreichend Daten zur Verfügung. Dadurch können die Abweichungen der berechneten drei Terme von einem Höhenintervall zum nächsten groß werden. Um dem entgegen zu wirken, wird vor der Berechnung der drei Terme für jedes Höhenintervall ein gleitendes Mittel für $v_r(x, z)$ über jeweils zwei benachbarte Höhenintervalle darüber und darunter berechnet. Das heißt, die Werte der radialen Geschwindigkeit $v_r(x, z)$ entsprechen dem Mittel der Werte zwischen z_{k-2} bis z_{k+2}. Wenn dennoch für diese $v_r(x, z)$ weniger als ein Drittel der möglichen Datenmenge pro Höhenintervall vorhanden ist, wird keine Auswertung durchgeführt.

Durch Addition des zweiten zum dritten Term (Gl. 5.7) kann die mittlere Vertikalgeschwindigkeit der Streuer $w_m(z)$ für jedes Höhenintervall direkt abgeschätzt werden. Mit der Annahme, dass die mittlere Horizontalgeschwindigkeit der Streuer deutlich größer ist, als die mittlere

Änderung der Vertikalgeschwindigkeit, d.h. $u_m(z) \gg z\frac{\partial w}{\partial x}(z)$, kann diese ebenfalls für jede Höhenstufe abgeschätzt werden.

Sind die drei Terme (Gl. 5.7) bekannt, kann unter Verwendung von Gl. 5.6 folglich das großskalige Windfeld $v^*(x, z)$ berechnet werden. Wird dann das großskalige Windfeld vom gemessenen Windfeld subtrahiert, erhält man die residualen Geschwindigkeiten (Gl. 5.3).

Mit dieser Methode können für jeden RHI-Scan drei verschiedene Geschwindigkeitsgrößen abgeschätzt werden:

- Ein Profil der mittleren horizontalen Streuergeschwindigkeit in Scan-Richtung, die näherungsweise dem Horizontalwind in Scan-Richtung entspricht (Abb. 5.5, oben links).

- Ein Profil der mittleren Vertikalgeschwindigkeit der Streuer, die sich aus der Sedimentationsgeschwindigkeit der Streuer und aus der vertikalen Luftbewegung zusammensetzt (Abb. 5.5, oben rechts).

- Ein zweidimensionales Feld der residualen Geschwindigkeit. Diese Geschwindigkeit resultiert aus der radialen Geschwindigkeit abzüglich der Anteile der mittleren Horizontalgeschwindigkeit, der mittleren Vertikalgeschwindigkeit und des mittleren horizontalen Trends der horizontalen und vertikalen Geschwindigkeiten (Abb. 5.5, unten).

Diese Größen werden im Folgenden zur Analyse von gemessenen Strukturen in den gemessenen Reflektivitäten und zur Deutung dynamischer Vorgänge in Wolken genutzt.

Ein Beispiel der aus $v_r(x, z)$ abgeleiteten Größen $u_m(z)$, $w_m(z)$, und $v_{\mathrm{Res}}(x, z)$ ist in Abbildung 5.5 für eine Messung vom 24.11.2009, 10:53 UTC dargestellt. Die Horizontalgeschwindigkeit $u_m(z)$ zeigt dabei von unten nach oben eine starke Zunahme der Geschwindigkeit mit der Höhe bis zu einer Höhe von $1.5\,\mathrm{km}$, bis $5.5\,\mathrm{km}$ sind die Änderungen der Horizontalgeschwindigkeit gering und steigen oberhalb, bis zur Oberkante der Wolke in $6.4\,\mathrm{km}$ wieder an. Qualitativ stimmt dies mit dem Profil des Hintergrundwinds u_b überein (Abb. 5.2, links). Die mittlere Vertikalgeschwindigkeit liegt unterhalb $2\,\mathrm{km}$ um $-3.5\,\mathrm{m/s}$ und oberhalb $2.2\,\mathrm{km}$ um $-1\,\mathrm{m/s}$. Dazwischen, im Bereich der Schmelzschicht, zeigt sich ein starker Gradient der Vertikalgeschwindigkeit mit der Höhe.

Die Werte der residualen Geschwindigkeit (Abb. 5.5, unten) zeigen ein deutlich differenzierteres Bild als die Werte der entfalteten radialen Geschwindigkeit (Abb. 5.4) und einzelne teilweise abgeschlossene Strukturen sind zu erkennen. Auf Gebiete, in denen sich die Streuer relativ zu $v^*(x, z)$ um bis zu $0.6\,\mathrm{m/s}$ vom Radar weg bewegen (gelb-rot gekennzeichnet, z.B. in $4\,\mathrm{km} < z < 5\,\mathrm{km}$, $0\,\mathrm{km} < x < 2\,\mathrm{km}$) folgen Gebiete, in denen sich die Streuer mit bis zu $-0.6\,\mathrm{m/s}$ relativ auf das Radar zu bewegen (grün-blau gekennzeichnet, z.B. in

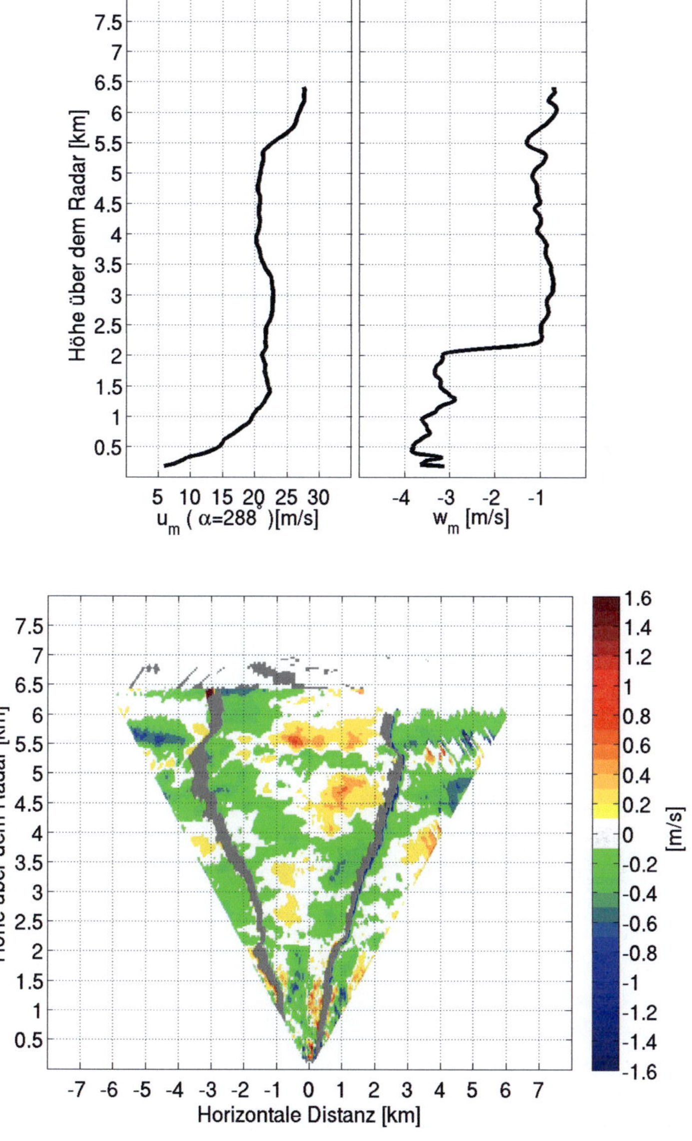

Abbildung 5.5: Oben: Mittlere horizontale Windgeschwindigkeit $u_m(z)$ in RHI-Scanrichtung, daneben: Mittlere Vertikalgeschwindigkeit $w_m(z)$. Unten: Residuale Geschwindigkeit $v_{\mathrm{Res}}(x,z)$ in m/s, blau-grün bedeuten Bewegungen auf das Radar zu und gelb-rot Bewegungen vom Radar weg, grau sind Fehldaten (zu geringe Datenmenge, Faltungsübergang).

$3\,\mathrm{km} < z < 4\,\mathrm{km}$, $0\,\mathrm{km} < x < 2\,\mathrm{km}$). Die größte Variation der Werte ist unterhalb der Schmelzschicht, im Regen zu erkennen. Grau gekennzeichnet sind Gebiete, in denen Werte der Reflektivität vorliegen, aber keine Werte der residualen Geschwindigkeiten. In diesen Gebieten ist entweder die Datengrundlage zu schwach, um die residualen Geschwindigkeiten zu berechnen (oberhalb $6.5\,\mathrm{km}$), oder die Gebiete liegen im Faltungsübergang. Die Interpretation der Werte der residualen Geschwindigkeit für verschiedene meteorologische Zustände soll in den nächsten Kapiteln diskutiert werden.

5.2 Identifikation von Strukturen mittels residualer Geschwindigkeit

Wie im vorigen Abschnitt gezeigt, ist die residuale Geschwindigkeit eine neue Größe, die zur Visualisierung dynamischer Strukturen dient und die Interpretation von Strukturen in Wolken und deren Entwicklung unterstützen kann.

Die Auswertung von Daten der residualen Geschwindigkeit werden in den folgenden Unterkapiteln anhand einzelner, ausgewählter Zeiträume gezeigt. Lokale Strukturen und wellenartige Strukturen in den residualen Geschwindigkeiten, die mit Strukturen in den Reflektivitäten einhergehen, und dynamische Strukturen, die zwar in den residualen Geschwindigkeiten, nicht aber in den Reflektivitäten augenscheinlich sind, werden diskutiert. Zu beachten ist dabei, dass es sich um zweidimensionale Messungen handelt, die Windrichtung allerdings nie im kompletten Messabschnitt der Orientierung des RHI-Scans entspricht. So kann es vorkommen, dass starke Änderungen in den gemessenen Größen ihre Ursache in der Advektion von Luftmassen in einem Winkel abweichend zum RHI-Azimut haben.

5.2.1 Lokale Strukturen

Lokale, kleinräumige Strukturen haben ihre Ursache oft in turbulenten Aufwinden und wurden in der Vergangenheit schon mehrfach untersucht. In diesem Zusammenhang wurden bereits räumlich eindimensionale Messungen bodengestützter, vertikal ausgerichteter Doppler-Radare durchgeführt, z.B. Frisch et al. (1995), mit einem $35\,\mathrm{GHz}$-Radar in maritimen stratiformen Wolken, Kollias und Albrecht (2000) mit einem $95\,\mathrm{GHz}$-Radar in kontinentalen Stratocumulus, sowie Kollias et al. (2001) in Schönwettercumuli. Außerdem kamen auch zweidimensionale Dopplermessungen mit zwei $95\,\mathrm{GHz}$-Radaren zum Einsatz, die vom Flugzeug aus vorgenommen wurden (z.B. Damiani et al. (2006) in Cumulus-Wolken sowie Geerts et al. (2006) in einer Kaltfront). Es konnten bereits zweidimensionale Geschwindigkeitsfelder aus flugzeuggestützten Dual-Doppler-Messungen abgeleitet werden. Dabei war der Strahl eines Radars senkrecht nach unten und der Strahl eines zweiten Radars in Flugrichtung schräg nach vorne ausgerichtet. Ein Nachweis von Wirbeln in Cumulus-Wolken konnte damit erbracht werden

(Damiani et al., 2006). Die räumliche und zeitliche Entwicklung einzelner Strukturen innerhalb einer Wolke konnte allerdings nicht zufriedenstellend verfolgt werden, da die Flugzeugmessungen nur sporadisch erfolgten. Demgegenüber ist diese Möglichkeit mit einem Wolkenradar mit schwenkbarer Antenne geschaffen. Mit Hilfe der zeitlich hoch aufgelösten RHI-Messungen können dynamische Prozesse, bzw. die Veränderung von Strukturen in Wolken, sichtbar durch die residualen Geschwindigkeiten, zeitlich verfolgt werden.

Eine einzelne Struktur, die in den Reflektivitäten sichtbar wird, sowie die Erhöhung der Reflektivität einer vorhandenen Struktur kann ihre Ursache in vielfältiger Weise haben, beispielsweise in der horizontalen und/oder vertikalen Advektion von Hydrometeoren großer Durchmesser oder von Hydrometeoren sehr großer Anzahl. Auch die horizontale Advektion feuchter Luft oder das Anheben einer Luftmasse kann durch Kondensations-, bzw. Resublimationswachstum die Reflektivität erhöhen. Turbulente Durchmischung, beispielsweise durch Konvektion, kann die Rate der Stoßprozesse der Hydrometeore erhöhen und so zum Wachstum der Partikel beitragen und die Reflektivität erhöhen. Genauso finden sich auch Prozesse, die zu einer Senkung der Reflektivität innerhalb einer Struktur bis zur Auflösung der Struktur führen können. Die Ursache und Entwicklung einer lokalen Struktur soll am Beispiel der Messungen vom 06.10.2009 besprochen werden. Der Durchzug eines Bereichs hoher Fluktuationen der radialen Geschwindigkeit, die man anhand der residualen Geschwindigkeiten sehen kann, steht in Zusammenhang mit einem Gebiet deutlich abgegrenzter, erhöhter Reflektivitäten und eine damit verbundene Verstärkung des Niederschlags unterhalb der Schmelzschicht. Die Eigenschaften dieser Struktur und deren Änderungen werden im Folgenden diskutiert.

Die meteorologische Situation ist so, dass das Messgebiet des Wolkenradars vorderseitig eines Troges liegt und eine mit dem Trog in Verbindung stehende Wellenstörung den Radarstandort überquert. Es werden feuchtwarme Luftmassen aus Süd-West advehiert, die ein Niederschlagsgebiet über den Radarstandort führen. Während dieses Ereignisses wurde eine Serie von RHI-Scans in süd-westlicher, bzw. nord-östlicher Richtung bei einem Azimut von $255\,°$, bzw. $75\,°$ gefahren. Der Zeitraum, in dem die Struktur in den Messungen zu sehen ist, liegt zwischen 14:07:46 UTC und 14:11:17 UTC.

Einen ersten Überblick über die meteorologische Situation zeigen Messungen vom gesamten Messbereich zu den beiden Zeitpunkten 14:08:16 UTC und 14:09:16 UTC, die also nur 60 s auseinanderliegen. Folgende Größen sind hierfür in den nachfolgenden Abbildungen dargestellt:

1. In den Abbildungen 5.6-5.9 die Reflektivität, die residuale Geschwindigkeit (Kap. 5.1), das lineare Depolarisationsverhältnis (LDR) und die spektrale Breite.

2. In den Abbildung 5.10,5.11 das Profil der Windgeschwindigkeit und Windrichtung, berechnet mit Hilfe des VAD-Algorithmus (Kap. 2.4.2) aus zwei PPI-Messungen vor und nach der RHI-Scan-Serie.

3. In Abbildung 5.12 die abgeleiteten Profile der mittleren Horizontalgeschwindigkeit und der mittleren Vertikalgeschwindigkeit (Kap. 5.1) in Richtung der gemessenen RHI-Scans.

Grau waagerecht liniert ist in den Abb. 5.6-5.9 die abgeleitete mittlere Begrenzung der Schmelz-schicht (Kap. 4.2) der jeweiligen Messung. Die jeweilige schwarze Linie zum Zeitpunkt 14:08:16 UTC und 14:09:47 UTC stellt den Verlauf der im Folgenden diskutierten Struktur der Werte erhöhter Reflektivität dar und ist zur besseren Orientierung in allen Bildern einge-zeichnet.

Zunächst werden die Daten besprochen, die in den Abb. 5.6-5.9 präsentiert sind. Im gesamten Scan-Bereich werden bis zu einer Höhe von 9 km Hydrometeore detektiert. Die Schmelzschicht befindet sich zwischen 2970 m und 3270 m und ist gekennzeichnet durch erhöhte Reflekti-vitätswerte (bis 10 dB_Z), deutlich erhöhte LDR-Werte (bis -7 dB) und einem deutlichen Gra-dienten der mittleren Vertikalgeschwindigkeit (Abb. 5.12). Auf die mittlere Vertikalgeschwin-digkeit wird im weiteren Verlauf noch gesondert eingegangen.

Oberhalb der Schmelzschicht sind bis zu einer Höhe von 5.5 km Strukturen erhöhter Reflek-tivität zu erkennen. Die größte Änderung innerhalb einer Minute erfährt die mit schwarzen Linien hervorgehobene Struktur in Form einer Gabel. Während zum Zeitpunkt 14:08:16 UTC die linke „Gabelspitze" der Struktur die größeren Reflektivitäten zeigt, ist es zum Zeitpunkt 14:09:47 UTC deren rechte „Gabelspitze". Im Bereich dieser „Gabel"-Struktur sind in den Wer-ten der residualen Geschwindigkeit große Schwankungen von bis zu ±0.8 m/s zu erkennen, die sich deutlich von den residualen Geschwindigkeiten im restlichen Messbereich (±0.2 m/s ober-halb der Schmelzschicht) abheben. Oberhalb 5.5 km ist die Verteilung aller Werte homogener. Weder in den Reflektivitäten noch in den residualen Geschwindigkeiten sind große Variationen der Werte erkennbar.

Das LDR und die spektrale Breite zeigen deutliche Unterschiede hinsichtlich der Bereiche un-terhalb und oberhalb der Schmelzschicht. Die niedrigsten Werte des LDR befinden sich un-terhalb der Schmelzschicht (ca. -23 dB) und die höchsten Werte innerhalb der Schmelzschicht (bis -7 dB). Oberhalb der Schmelzschicht ist eine erhebliche, weitgehend unstrukturierte Va-riabilität der LDR-Werte zu sehen. Im Bereich der „Gabel"-Struktur zeichnet sich allerdings ein Bereich ab, in dem die LDR-Werte, verglichen mit der Umgebung, meist geringer ausfallen und Werte unterhalb -20 dB annehmen. Oberhalb 7 km sind die Werte der Reflektivität im Cross-Kanal unterhalb der Detektionsgrenze und es kann kein LDR berechnet werden (grauer Bereich). Für die spektrale Breite hingegen sind die größten Werte (bis zu 1 m/s) unterhalb der Schmelzschicht zu erkennen. Bereits innerhalb, als auch oberhalb der Schmelzschicht liegen die Werte meist unter 0.2 m/s. Höhere schichtartig erscheinende Werte oberhalb der Schmelz-schicht, die horizontal vom Zenit zu den Rändern des Messbereichs zunehmen, sind Variationen der horizontalen Windgeschwindigkeit. Im Bereich der "Gabel"-Struktur sind lediglich in der

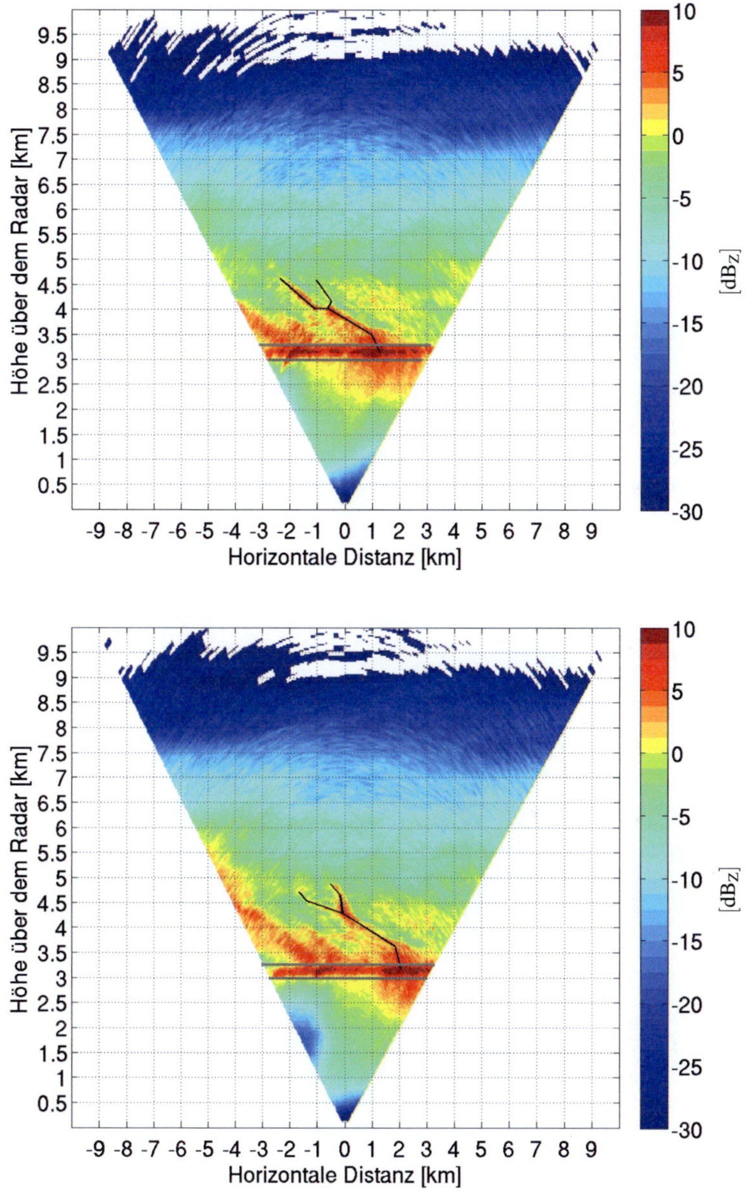

Abbildung 5.6: RHI-Scan vom 06.10.2009, 14:08:16 UTC (oben) und $60\,$s später, d.h. 14:09:16 UTC (unten). Dargestellte Größe ist die Reflektivität in [dB$_Z$]. Graue Linien: Grenzen der Schmelzschicht (Kap. 4). Schwarze Linien: Struktur in der Reflektivität (siehe Text).

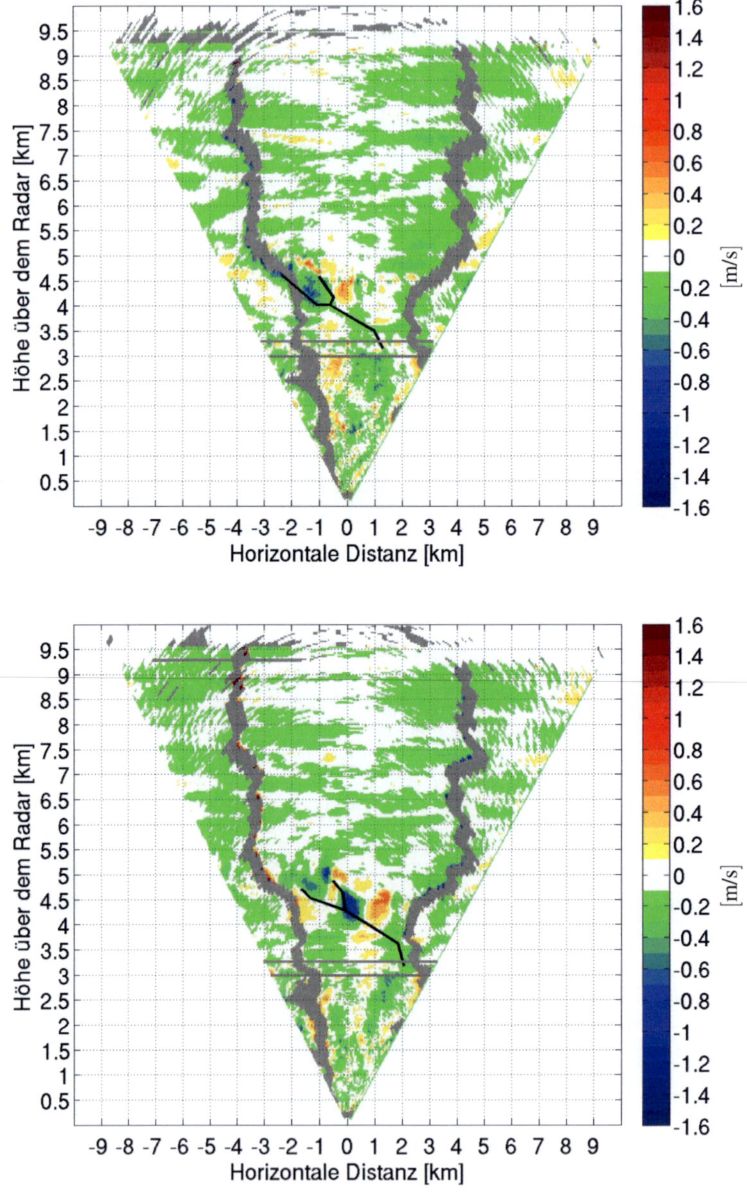

Abbildung 5.7: wie Abb. 5.6, dargestellte Größe ist die residuale Geschwindigkeit in [m/s]. Zusätzliche graue Bereiche: Gebiete in denen Werte der Reflektivität, aber keine Werte der dargestellten Größe vorliegen

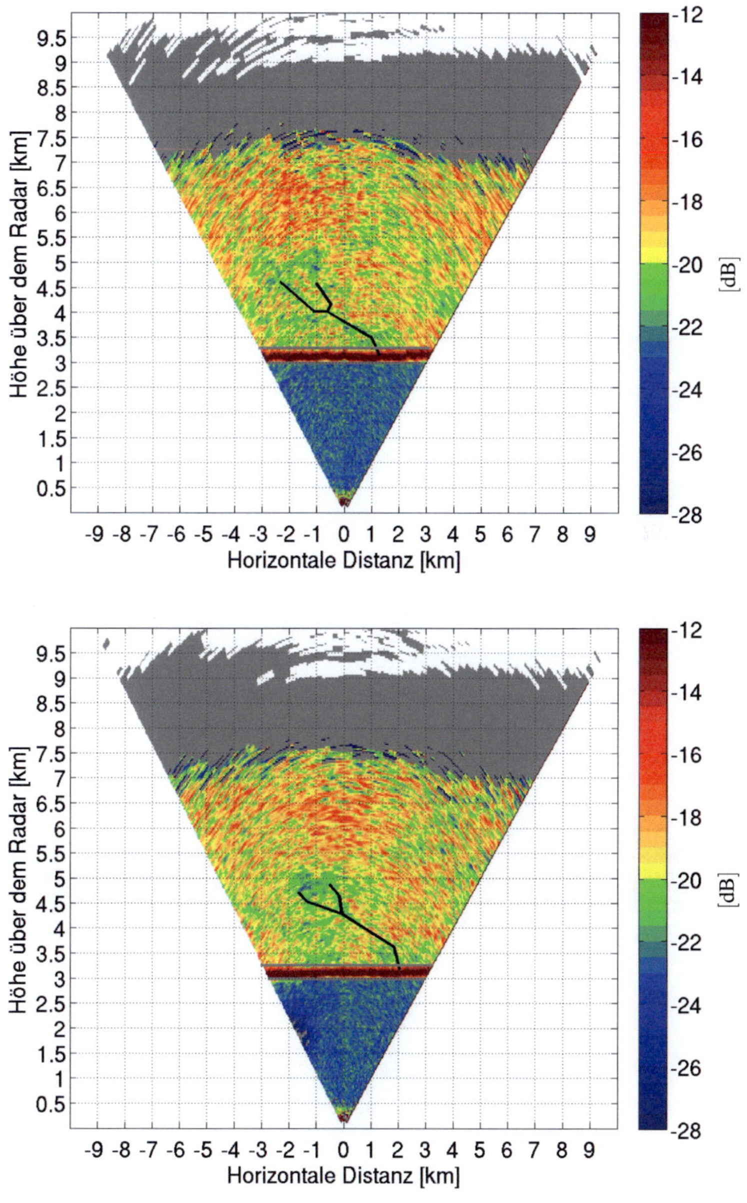

Abbildung 5.8: wie Abb. 5.7, dargestellte Größe ist das lineare Depolarisationsverhältnis in [dB].

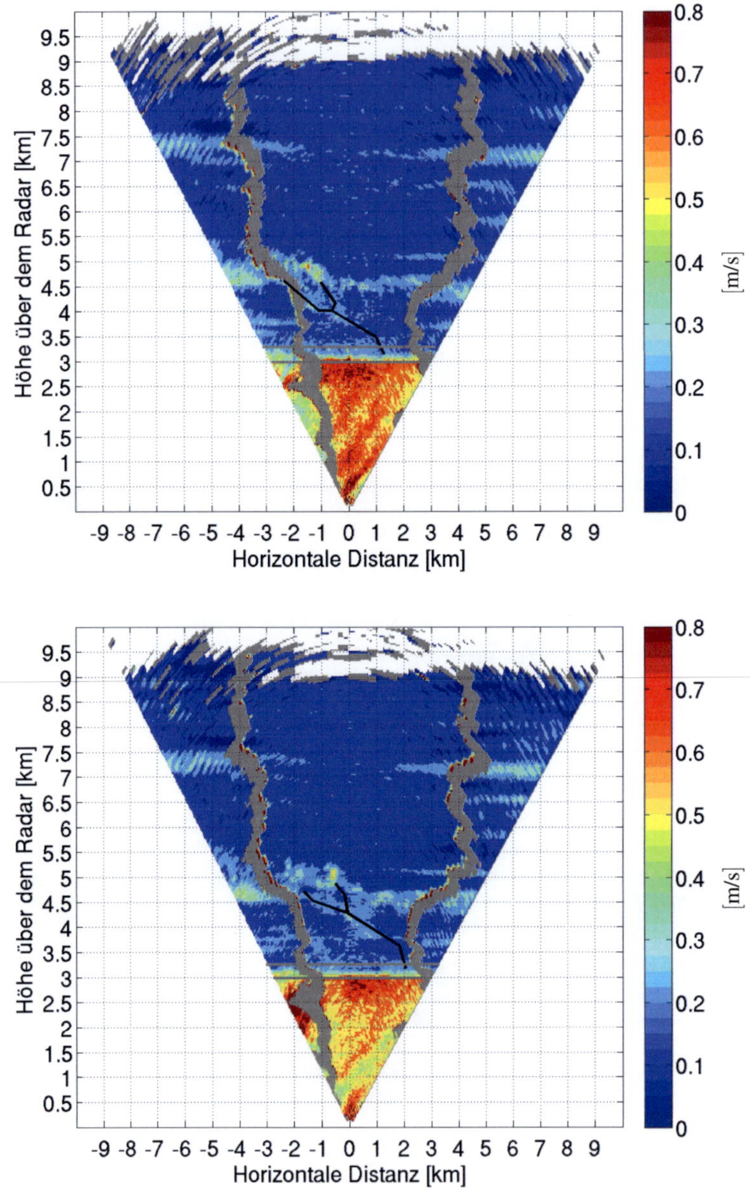

Abbildung 5.9: wie Abb. 5.7, dargestellte Größe ist die spektrale Breite in [m/s].

unmittelbaren Nähe der rechten „Gabelspitze" deutlich höhere Werte (bis zu 0.6 m/s) der spektralen Breite zu erkennen. Da diese erhöhten Werte auch in der Nähe des Zenits auftreten, ist die Ursache des breiteren Spektrums in der Variation der Vertikalgeschwindigkeiten zu sehen. Wie auch für die residuale Geschwindigkeit ist der Faltungsübergang grau unterlegt.

Jetzt wenden wir uns der Analyse der Windprofile (Abb. 5.10,5.11) zu. Zur Berechnung der mittleren Windrichtung, sowie mittleren Windgeschwindigkeit (vgl. Kap. 2.4.2) sind PPI-Messungen nötig. Diese wurden 13:31 UTC und 14:34 UTC, jeweils zeitlich vor und nach dem Durchzug der „Gabel-Struktur" durchgeführt. Die Windprofile aus PPI-Messungen des Wolkenradars, ermittelt mit Hilfe des VAD-Algorithmus, sind in den Abbildung 5.10,5.11 rot dargestellt. Zum Vergleich wurde das räumliche und zeitlich gewichtete Mittel der Winddaten der Radiosondenaufstiege von Stuttgart/Schnarrenberg und von Idar-Oberstein (siehe Anfang des Kapitel 5) eingezeichnet (schwarz). Sind zu wenig Daten auf einem Kreisring eines PPI-Scans vorhanden, d.h. auf einer Höhenstufe, werden keine Winddaten berechnet. Dies erklärt die Datenlücken in den Windprofilen unterhalb 3 km. Die Profile der Messungen mittels Wolkenradar lassen sich anhand der Windgeschwindigkeit in drei Höhenbereiche einteilen, von unten nach oben in einen Bereich zunehmender Werte mit der Höhe, gefolgt von einem Bereich konstanter, bzw. leicht fallender Werte und abschließend ein Höhenabschnitt wieder zunehmender Werte.

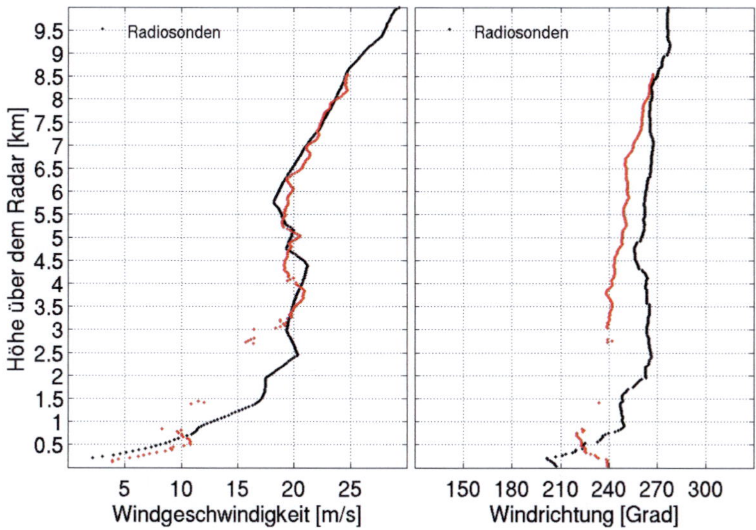

Abbildung 5.10: Windgeschwindigkeit und Windrichtung vom 06.10.2009, 13:31 UTC. Rot: Berechnete Werte aus PPI-Messungen des Wolkenradars MIRA36-S. Schwarz: Zeitliches und räumliches Mittel von je zwei Radiosondenaufstiegen.

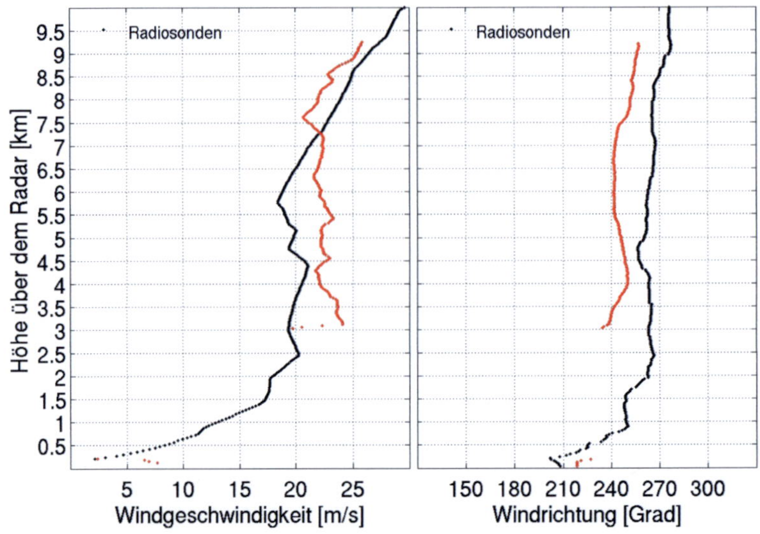

Abbildung 5.11: Wie Abb. 5.10, hier für die Messung vom 06.10.2009, 14:34 UTC.

Von besonderem Interesse ist der zweite Höhenabschnitt, in dem auch die „Gabel"-Struktur zu finden ist. Dieser Höhenabschnitt erstreckt sich zum Zeitpunkt 13:31 UTC von 3 km bis 6.5 km. Die Windgeschwindigkeit ist näherungsweise konstant und liegt bei etwa 20 m/s. Eine leichte Rechtsdrehung des Windes von 240° auf 250° ist ebenfalls zu erkennen und tritt hauptsächlich in einem Höhenintervall zwischen 4 km und 5.5 km auf. Nach ca. einer Stunde, zum Zeitpunkt 14:34 UTC, erstreckt sich der zweite Höhenabschnitt von etwa 3 km bis 7.5 km. Im Unterschied zum vorigen Zeitpunkt nimmt die Horizontalgeschwindigkeit höhere Werte an und sinkt leicht mit zunehmender Höhe von ca. 24 m/s knapp oberhalb 3 km auf ca. 21 m/s knapp oberhalb 7.5 km. Auch die Windrichtung hat sich zwischen den Zeitpunkten verändert von einer nahezu linearen Rechtsdrehung des Windes hin zu wechselnden Drehrichtungen. Eine Rechtsdrehung um ca. 10° findet statt zwischen etwa 3 km-4 km, gefolgt von einer Linksdrehung um ca. 10° zwischen etwa 4 km-5.5 km. Oberhalb, bis ca. 7.5 km bleibt die Windrichtung annähernd konstant. Aus der Zunahme der Windgeschwindigkeit lässt sich schließen, dass sich der horizontale Druckgradient im zweiten Höhenabschnitt erhöht hat. In Luftschichten oberhalb 3km kann der beobachtete Wind als geostrophischer Wind angenommen werden. Die Rechtsdrehung des als geostrophisch angenommenen Windes mit der Höhe deutet auf Warmluftadvektion und die Linksdrehung auf Kaltluftadvektion hin. Somit findet zum Zeitpunkt 13:31 UTC im zweiten Höhenabschnitt Warmluftadvektion statt, die sich auch in den dritten Abschnitt fortsetzt. Zum Zeitpunkt 14:34 UTC tritt Warmluftadvektion nur noch im unteren Bereich des zweiten Abschnitts auf, an den sich direkt darüber ein Höhenabschnitt anschließt in dem Kaltluftadvektion stattfindet. Dies spricht für eine Labilisierung der Schichtung im zweiten Höhenabschnitt.

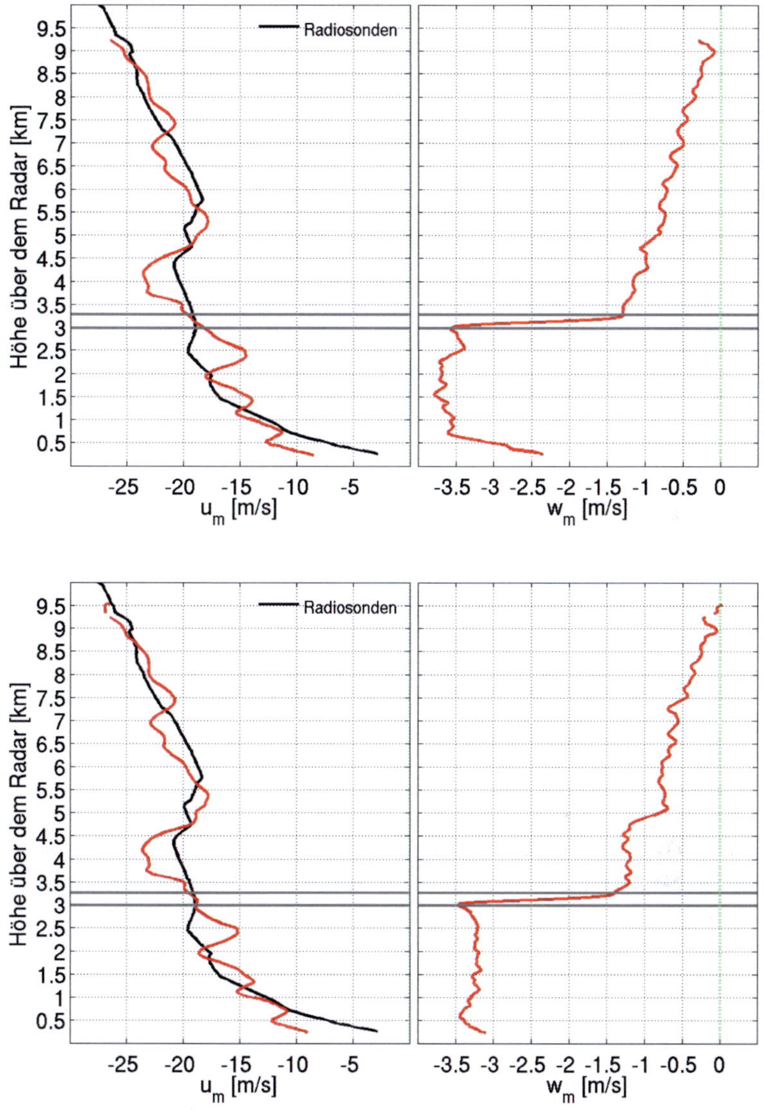

Abbildung 5.12: Horizontalwind u_m und Vertikalgeschwindigkeit der Streuer w_m in Richtung der RHI-Scans (Azimut: 255 Grad) vom 06.10.2009, 14:08:16 UTC (oben) und 60s später, 14:09:16 UTC (unten). Rot: Berechnete Werte aus RHI-Messungen des Wolkenradars MIRA36-S. Schwarz: Zeitliches und räumliches Mittel von je zwei Radiosondenaufstiegen.

Die Geschwindigkeiten der Streuer aus RHI-Messungen u_m und w_m sind, wie für die bisher gezeigten RHI-Messungen (Abb. 5.6-5.9), zum Zeitpunkt 14:08:16 UTC und 14:09:47 UTC in Abb. 5.12 dargestellt. Mit horizontalen, grauen Linien eingezeichnet ist die detektierte Schmelzschicht (Kap. 4.2) und schwarz markiert sind die Horizontalgeschwindigkeiten aus Radiosondenmessungen in Richtung des jeweiligen RHI-Scans (255 Grad). Negative Werte der horizontalen Geschwindigkeiten bedeuten eine Bewegung der Partikel in den RHI-Scans von links nach rechts und positive den umgekehrten Fall. Negative Geschwindigkeiten der vertikalen Geschwindigkeiten bedeuten meist sedimentierende Partikel. Die Horizontalgeschwindigkeiten aus MIRA36-S schwanken dabei zu beiden Zeitpunkten minimal um die Horizontalgeschwindigkeiten der Radiosondenmessung.

Auffällig im Profil des Horizontalwindes aus MIRA36-S ist zu beiden Zeitpunkten ein Maximum der Windgeschwindigkeit zwischen 2.5 km und 5.3 km. Die Windgeschwindigkeit erreicht dabei Werte von bis zu 24 m/s. Diese Werte entsprechen damit jenen, die 14:34 UTC für die zweidimensionale horizontale Windgeschwindigkeit gemessen wurden (Abb. 5.11). Das bedeutet, dass die Änderung der Drehrichtung des Windes in einer Höhe von etwa 4 km bereits zum Zeitpunkt 14:08 UTC stattgefunden hatte. Damit steht die „Gabel"-Struktur im Zusammenhang mit einer Labilisierung der Luftschichten durch eine höhenabhängige Veränderung der Advektion von Luftmassen.

Die Sedimentationsgeschwindigkeit der Hydrometeore nimmt von oben nach unten von nahe 0 m/s bis auf 1.3 m/s zu, von der Oberkante der Wolke bis zur Schmelzschichtobergrenze. Zum Zeitpunkt 14:09:16 UTC ist zudem eine starke Zunahme der Sedimentationsgeschwindigkeit in einer Höhe von etwa 5 km zu erkennen. Diese Zunahme steht vermutlich in Zusammenhang mit Änderungen der Zusammensetzung der Hydrometeore im Bereich der „Gabel"-Struktur (Abb. 5.6). An der Oberkante der Schmelzschicht erfolgt zu beiden Zeitpunkten eine deutliche Zunahme der Sedimentationsgeschwindigkeit und erreicht unterhalb der Schmelzschicht (im Regen) Werte von ca. 3.5 m/s.

Zusammenfassung　Die betrachtete Messfläche kann von oben nach unten in vier Schichten aufgeteilt werden: Die erste Schicht zwischen der Oberkante der Wolke in ca. 9 km und einer Höhe von 5.5 km, die zweite zwischen 5.5 km und der Oberkante der Schmelzschicht in 3.27 km, die dritte ist die Schmelzschicht selbst und die vierte Schicht befindet sich unterhalb der Schmelzschicht, unterhalb 2.97 km.

Wenden wir uns zunächst den unteren beiden Schichten zu. In der dritten Schicht, der Schmelzschicht, findet der Phasenübergang der fallenden Hydrometeore von Eispartikeln zu Wassertropfen statt (Kap. 4). Diese Schicht zeichnet sich aus durch die höchsten Werte der Reflektivität und des LDR und einem starken Gradienten der mittleren Vertikalgeschwindigkeit und der spektralen Breite.

In der vierten Schicht befinden sich hauptsächlich flüssige, schnell fallende Tropfen, es regnet. Dass die Hydrometeore unterhalb der Schmelzschicht kugelförmig sind, zeigt sich an niedrigen Werten des LDR. Ebenfalls charakteristisch für Regen sind hohe Werte der spektralen Breite: Liegen Hydrometeore als Tropfen vor, ist ihre Sedimentationsgeschwindigkeit hoch und ihre Form nahezu kugelförmig. Mit zunehmender Sedimentationsgeschwindigkeit variiert diese stark und die spektrale Breite ist erhöht. Oberhalb der Schmelzzone dagegen sind die Eispartikel nicht kugelförmig, taumeln leicht und deren Reibungswiderstand an Luft ist deutlich erhöht. Dadurch ist die Variabilität der möglichen Sedimentationsgeschwindigkeiten der Hydrometeore und somit die spektrale Breite oberhalb der Schmelzschicht deutlich geringer als unterhalb.

Oberhalb der Schmelzschicht müssen die später fallenden Hydrometeore zuerst gebildet werden. Dies passiert bereits in der ersten Schicht. In dieser Schicht sind niedrige Werte und nur geringe Variationen der Reflektivitäten zu erkennen. Ebenso nehmen die Werte der residualen Geschwindigkeit nur geringe Werte an. Daraus geht hervor, das keine vertikalen Austauschprozesse im Messbereich stattfinden und diese Wolkenschicht als stratiform angenommen werden kann. Die von oben nach unten zunehmenden Werte der Reflektivität, die mit einer zunehmenden Sedimentationsgeschwindigkeiten einhergehen, lassen darauf schließen, dass die Größe der Eispartikel von oben nach unten zunimmt. Weiterhin findet in dieser Schicht eine Rechtsdrehung des Horizontalwindes mit der Höhe statt, die zum Zeitpunkt 13:31 UTC ausgeprägter ausfällt als zum Zeitpunkt 14:34 UTC. Dies lässt darauf schließen, dass in dieser Schicht Warmluftadvektion erfolgt, die sich im Laufe der Zeit abschwächt.

Die interessanteste Schicht ist die zweite und befindet sich oberhalb der Schmelzschicht. Auch hier ist davon auszugehen, dass die meisten Hydrometeore als Eispartikel vorliegen. In dieser Schicht sind die höchsten positiven und niedrigsten negativen residualen Geschwindigkeiten zu identifizieren. Da diese auch im Zenit sichtbar sind, ist der vertikale Anteil der residualen Geschwindigkeiten in dieser Schicht der dominierende. Die Bereiche maximaler, bzw. minimaler residualer Geschwindigkeiten sind entweder auf Bereiche unterschiedlich großer Streuer oder auf vertikale Luftbewegungen, oder auf einer Mischung aus beidem zurückzuführen. So sind im Umfeld einer „Gabel"-Struktur Bereiche zu erkennen, in denen hohe Werte der Reflektivität mit negativen Werten der residualen Geschwindigkeiten einhergehen. Dies spricht dafür, dass diese Bereiche im Vergleich zur Umgebung durch größere Eispartikel bestimmt werden. Daneben gibt es innerhalb der „Gabel"-Struktur aber auch Bereiche hoher Reflektivität, die mit hohen positiven residualen Geschwindigkeiten in Zusammenhang stehen. Hier sind Aufwindbereiche wahrscheinlich, die die Sedimentation der Partikel verlangsamen. Finden vertikale Austauschprozesse statt, ist der stratiforme Charakter der Wolke in dieser Schicht nicht mehr gegeben. Die Variation der Reflektivitäten ist ebenfalls größer, und kleinräumige zusammenhängende Strukturen hoher Reflektivität zeichnen sich ab. Hervorstechend ist hierbei die Struktur in Form einer Gabel, die sich im Laufe der Zeit in ihren Reflektivitätswerten stark verändert. Dabei nimmt die Reflektivität im Bereich der „Gabel"-Struktur in Höhen zwischen

4 km und 5 km innerhalb einer Minute um mehrere dB zu. Gleichzeitig nimmt die Sedimentationsgeschwindigkeit in dieser Schicht um mehrere 10 cm/s zu. Daraus läßt sich folgern, dass die Größe der Hydrometeore im oberen Bereich der „Gabel"-Struktur zunimmt. Die „Gabel"-Struktur steht zudem in direktem Zusammenhang mit erhöhten Werten und stärkeren Variationen der residualen Geschwindigkeiten und in Teilbereichen mit der spektralen Breite. Am unteren Ende dieser Struktur schließt sich ein Bereich intensiveren Niederschlags an, sichtbar in den Schichten drei und vier durch erhöhte Reflektivitäten, negative Residualgeschwindigkeiten und einer erhöhten spektralen Breite. Die Werte des LDR sind schwieriger interpretierbar, da immer eine Mischung aus Hydrometeoren verschiedener Formen gemessen wird, z.B. oberhalb der Schmelzschicht von Graupel, unterkühlte Wassertropfen, Dendrite, Plättchen und weitere Eiskristalle und -aggregate. Im Bereich der „Gabel"-Struktur fallen die LDR-Werte im Vergleich zur Umgebung meist niedriger aus. Die anschauliche Folgerung ist, dass die Eispartikel innerhalb der „Gabel"-Struktur tendenziell mehr oder weniger rund sind, oder die Eispartikel aufgrund turbulenter Umlagerungen stärker taumeln als außerhalb der Struktur. Ist die Form der Partikel im Bereich der „Gabel"-Struktur runder, befinden sich möglicherweise neben Eiskristallen, -partikeln auch unterkühlte Wassertropfen im Messvolumen.

Die schnelle und deutliche Zunahme der Partikelgrößen im oberen Bereich der „Gabel"-Struktur hat ihre Ursache zum einen in der seitlichen Advektion großer Partikel in das zweidimensionale Messgebiet und zum anderen möglicherweise im homogenen Wachstum der Partikel durch ein größeres Feuchteangebot aufgrund von kleinräumigen Hebungsprozessen vorderseitig der „Gabel"-Struktur. Das homogene Wachstum der Eispartikel kann durch vorhandene unterkühlte Wassertropfen noch beschleunigt werden. Die vorderseitige Hebung ist anhand hoher positiver Residualgeschwindigkeiten vorderseitig der „Gabel"-Struktur angedeutet. Aufgrund der getroffenen Annahmen ist davon auszugehen, dass die „Gabel"-Struktur in Verbindung mit einem frontähnlichen Bereich konvektiver Einlagerungen in das großräumige Hebungsgebiet steht.

5.2.2   Wellenartige Strukturen

Neben lokalen Strukturen in Wolken werden zeitweise auch periodisch angeordnete, wellenartige Strukturen beobachtet, die mit Hilfe der residualen Geschwindigkeiten untersucht werden können. Wellenartige Strukturen sind gekennzeichnet durch eine Abfolge starker Reflektivitäten gekoppelt mit Auf- und Abwindbereichen. Am 08.01.2010 wurden solche wellenartige Strukturen sowohl in den Reflektivitäten als auch in den residualen Geschwindigkeiten beobachtet. Die großräumige Wetterlage, die diese Strukturen im Messbereich verursachte, wurde an diesem Tag bestimmt durch ein "Abtropfen" eines Sekundärtrogs von einem Haupttrog über Skandinavien. Dieser Vorgang löste vorderseitig des Trogsystems eine Zyklogenese aus. Das dadurch entstandene, sich verstärkende Tiefdruckgebiet advehierte wärmere Luftmassen in der

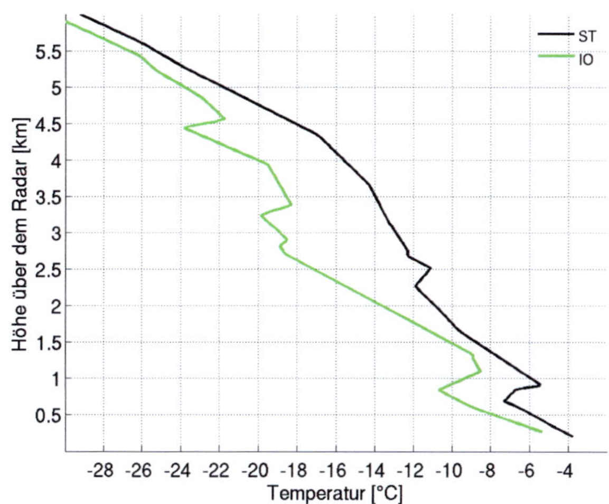

Abbildung 5.13: Temperaturprofil in Grad Celsius der Radiosondenaufstiege in Stuttgart/Schnarrenberg (ST, schwarz) und Idar-Oberstein (IO, grün) vom 08.01.2010, 12:00 UTC

mittleren Troposphäre aus Süd-West. Die wärmere Luft glitt dabei über kältere Luft polaren Ursprungs, die in der unteren Troposphäre um ein Hoch über Skandinavien geführt und zum Radarstandort aus nordöstlicher Richtung advehiert wurde. Der dadurch initiierte, großräumige Hebungsprozess führte zu leichtem Schneefall. Die Temperatur lag ganztägig in allen Höhen der Troposphäre bei Werten deutlich unter $0°C$ (siehe Abb. 5.13).

Anhand der Temperaturprofile (Abb. 5.13) ist zu erkennen, dass sich am Standort Idar-Oberstein (IO) die kältere Luftmasse bereits bis in Höhen von $4.5\,km$ bemerkbar macht. Die Temperaturen liegen um bis zu $6°C$ unter denen am Standort Stuttgart/Schnarrenberg (ST). Oberhalb einer Höhe von etwa $4.5\,km$ entspricht der Verlauf des Temperaturprofils dem einer Feuchtadiabate und der vertikale Temperaturgradient (Abb. 5.13) ist ca. $0.7\,K/100\,m$. Übereinstimmend zeigen beide Profile eine Inversion knapp unterhalb einem Kilometer. Direkt darüber ist die Temperaturabnahme näherungsweise feuchtadiabatisch, bevor die nächste Inversionsschicht folgt. Diese befindet sich am Standort Stuttgart/Schnarrenberg in einer Schicht knapp unterhalb $2.5\,km$. Darüber ist eine nahezu isotherme Schicht zu erkennen und die Temperaturabnahme mit der Höhe liegt lediglich bei $0.2\,K/100\,m$. Oberhalb von $3.5\,km$ findet der Übergang zum weiteren feuchtadiabatischen Temperaturverlauf statt. Im Profil der Temperatur am Standort Idar-Oberstein hingegen befindet sich die Inversionsschicht knapp unterhalb $3\,km$ und ist schwächer ausgeprägt. Weitere Inversionsschichten folgen in ca. $3.3\,km$ und ca. $4.5\,km$.

Die verschiedenen Richtungen der großräumigen Advektion von Luftmassen unterschiedlicher Herkunft sind in Abbildung 5.14 zu erkennen. Dargestellt ist die horizontale Windgeschwindigkeit (links) und die Windrichtung (rechts). Die roten Profile basieren auf einem PPI-Scan

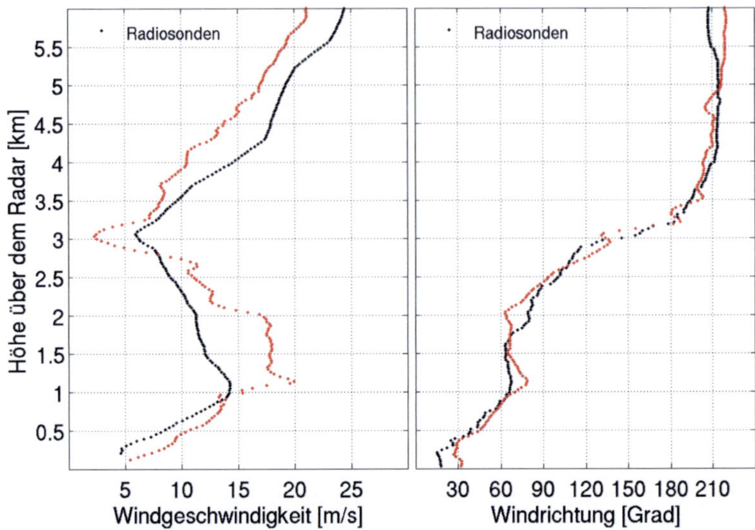

Abbildung 5.14: Windgeschwindigkeit und Windrichtung vom 08.01.2010, 14:18 UTC. Rot: Berechnete Werte aus PPI-Messungen des Wolkenradars MIRA36-S. Schwarz: Zeitliches und räumliches Mittel von je zwei Radiosondenaufstiegen (Vgl. Abb. 6.3: Einzelne Sondenaufstiege zum Zeitpunkt 08.01.2010, 12:00 UTC).

mit dem Wolkenradar MIRA36-S vom 08.01.2010, 14:18 UTC, bei einem Zenitwinkel von $\epsilon_Z = 45°$. Die schwarzen Profile basieren auf Messungen der beiden Radiosondenaufstiege in Stuttgart/Schnarrenberg und Idar-Oberstein. Dabei wurde ein zeitliches und räumliches Mittel von jeweils zwei Radiosondenaufstiegen für jeden Standort berechnet und gleichermaßen vorgegangen, wie auch schon zuvor für die Berechnung des Hintergrundwindfelds. Die Advektion von Luftmassen aus südwestlicher Richtung ist oberhalb einer Höhe von 3.5 km und einer Windrichtung (Abb. 5.14, rechts) von etwa $210°$ zu sehen. Die Advektion von Luftmassen aus nord-östlicher Richtung ist unterhalb 2 km und einer Windrichtung von $30° - 60°$ zu erkennen. Zwischen 2 km und 3.5 km findet eine Rechtsdrehung des Windes um $150°$ statt.

Bei Betrachtung der horizontalen Windgeschwindigkeit aus Messungen des Wolkenradars (Abb. 5.14, links) fällt auf, dass unterhalb der Scherungsschicht maximale Geschwindigkeiten von 17 m/s-20 m/s in einer Schicht zwischen 1 km und 2 km erreicht werden und minimale Geschwindigkeiten innerhalb der Scherungsschicht in einer Höhe von etwa 3 km und Horizontalgeschwindigkeiten zwischen 2 m/s und 3 m/s . Der Höhenabschnitt, in dem die stärksten Änderungen der Windgeschwindigkeit und der Windrichtung auftreten erstreckt sich von 2.6 km bis 3.2 km. Dieser Höhenabschnitt wird im weiteren Verlauf als Scherungsschicht bezeichnet.

Zeitlich vor der PPI-Messung wurden RHI-Scans in nordöstlicher, bzw. südwestlicher Richtung durchgeführt. Der Azimut betrug $58\,°$, bzw. $238\,°$. Ein RHI-Scan zum Zeitpunkt 13:44:31 UTC ist in den Abb. 5.15, 5.16 dargestellt. Die gezeigten Größen sind die Reflektivität, die residuale Geschwindigkeit, das lineare Depolarisationsverhältnis und die spektrale Breite. Die Obergrenze der Wolke wird in einer Höhe von etwa 5.5 km detektiert. Der Messbereich kann in drei verschiedene Schichten eingeteilt werden: a) Eine Schicht geringer Gradienten der Reflektivitäten in einer stratiformen Region zwischen 3.1 km und der Obergrenze der Wolke, b) die Scherungsschicht mit periodischen Fluktuationen der Reflektivität zwischen 2.6kmund 3.1 km und c) eine Schicht unterhalb 2 km, mit einem minimalen horizontalen und einem deutlich sichtbaren vertikalen Gradienten der Reflektivität. Die mittlere Schicht (b) der periodischen Fluktuationen der Reflektivität wurde mit weißen Linien abgegrenzt und in die Darstellung weiterer Größen in Abbildung 5.15 übertragen.

Die mittlere Schicht steht in Zusammenhang mit nahezu homogenen LDR-Werten von etwa -25 dB. Diese Werte deuten auf abgerundete oder aufgrund der Variation der Geschwindigkeiten stark taumelnde Eispartikel in dieser Schicht hin. Direkt darüber sind die Werte erheblich höher und liegen ungefähr bei -16 dB. Die Eispartikel in dieser Schicht sind mehrheitlich unregelmäßiger geformt und bestehen wahrscheinlich aus Dendriten oder Plättchen, die horizontal ausgerichtet sind. Die horizontale Ausrichtung ist daran zu erkennen, dass die LDR-Werte mit zunehmender Abweichung vom Zenit abnehmen. Ausgehend von diesen hohen Werten sinkt das LDR mit der Höhe auf -19 dB in einer Höhe von 4.5 km. In den grauen Bereichen liegen die Werte der Reflektivität im Cross-Kanal unterhalb der Detektionsgrenze und es kann kein LDR berechnet werden. Die LDR-Werte in der unteren Schicht, unterhalb 2 km, sind weitgehend homogen verteilt und liegen bei etwa -19 dB.

Oberhalb der Scherungsschicht sind große Bereiche abwechselnd gering positiver sowie negativer residualer Geschwindigkeit zu erkennen. Unterhalb dieser Schicht sind die Werte in der gleichen Größenordnung wie oberhalb der Schicht und liegen meist unter 0.1 m/s, lediglich in Höhen um 1 km sind minimal höhere Werte zu erkennen. Die räumliche Ausdehnung von residualen Geschwindigkeiten gleicher Vorzeichen sind unterhalb der Scherungsschicht deutlich kleiner ausgeprägt. Innerhalb der Scherungsschicht sind die extremsten Werte der residualen Geschwindigkeit von bis zu ± 0.8 m/s und periodische Strukturen der residualen Geschwindigkeit zu erkennen. Diese Strukturen ragen teilweise bis zu 400 m weit aus dieser Schicht heraus.

Die Werte der spektralen Breite zeigen oberhalb der Scherungsschicht nur erhöhte Werte bei großen Zenitwinkeln, so dass sie von Schwankungen im Horizontalwind herrühren. Diese Schwankungen sind in Höhenintervallen von 4.0 km-4.4 km, 3.4 km-3.6 km, sowie 3.1 km-3.3 km erkennbar. In der Scherungsschicht sind auch im Bereich des Zenit über die gesamte Breite erhöhte Werte (bis zu 0.4 m/s) zu erkennen, was auf erhöhte Variationen der Vertikalgeschwindigkeiten der Eispartikel hindeutet. Unterhalb dieser Schicht ist die Verteilung der Werte wiederum homogener, die Werte sind gegenüber der Schicht oberhalb 3.1 km etwas erhöht.

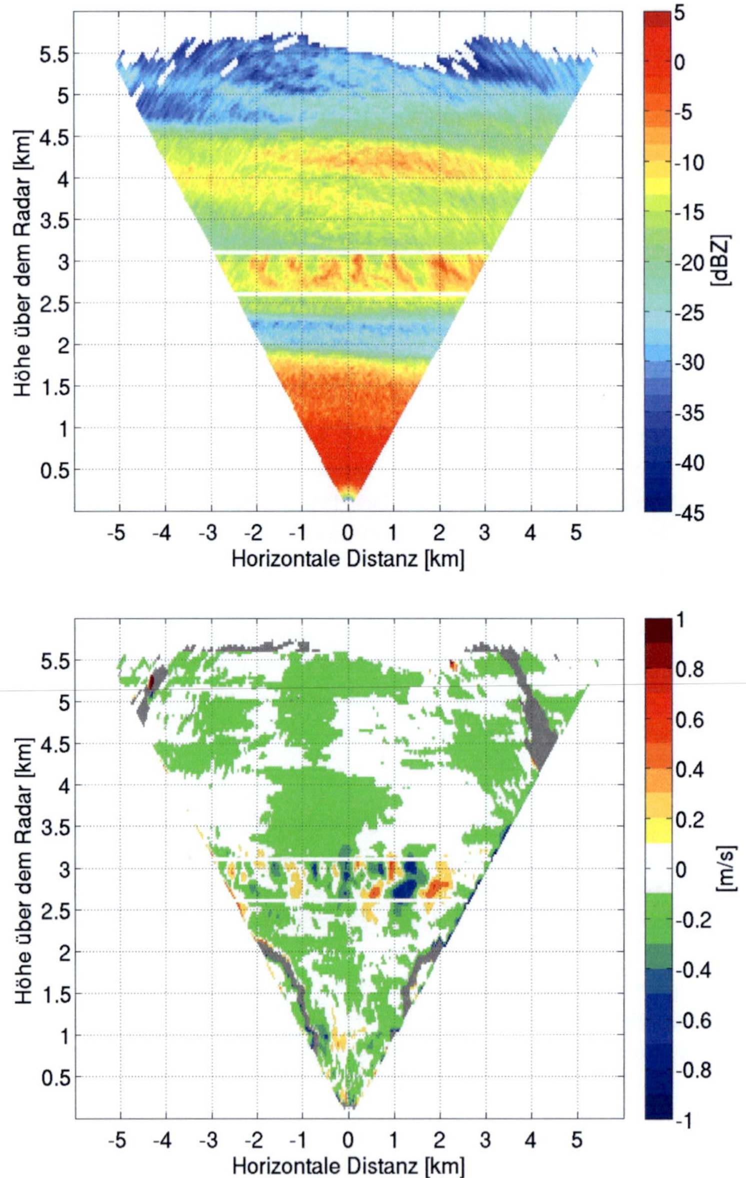

Abbildung 5.15: RHI-Scans vom 08.01.2010, 13:44:31 UTC. Von oben nach unten sind die dargestellten Größen die Reflektivität in dB$_Z$ und die residuale Geschwindigkeit in m/s. Grau unterlegt sind Bereiche, in denen Reflektivitäten vorhanden sind, aber keine Daten der jeweiligen Größe vorliegen. Weiße Linien grenzen den Bereich ab, in denen wellenartige Strukturen in den Reflektivitäten vorliegen.

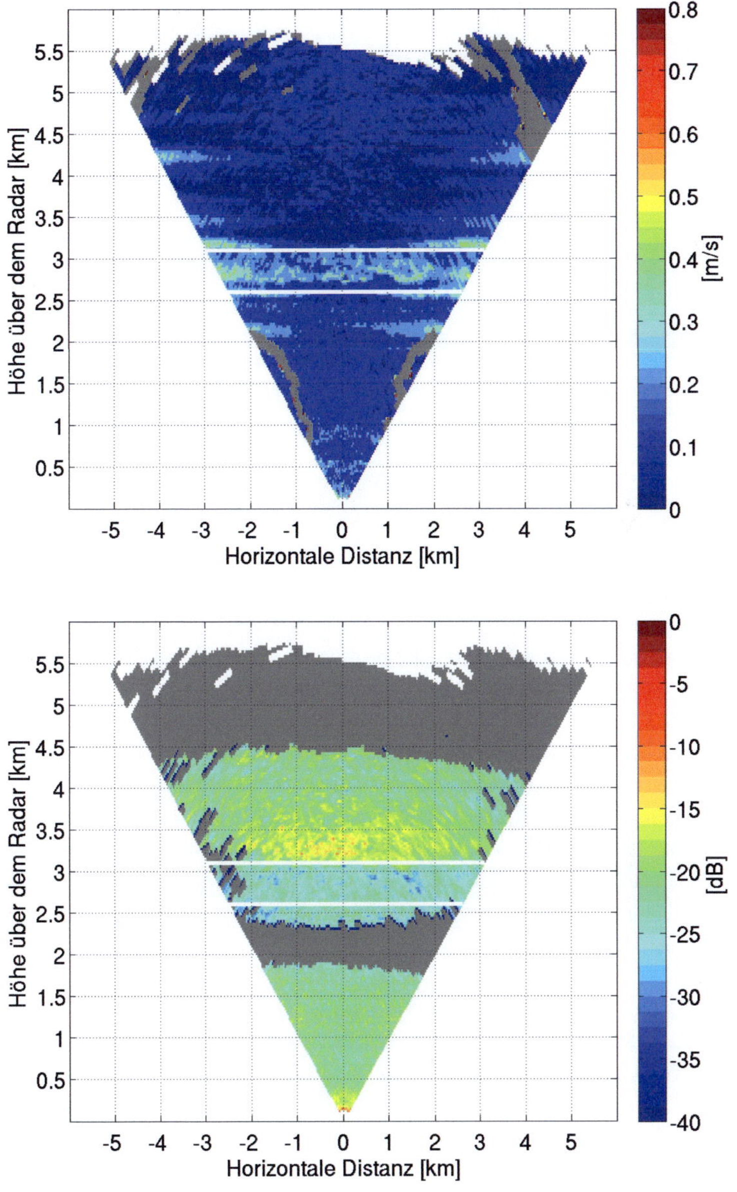

Abbildung 5.16: Wie Abb. 5.15. Von oben nach unten sind die dargestellten Größen das LDR in dB und die spektrale Breite in m/s.

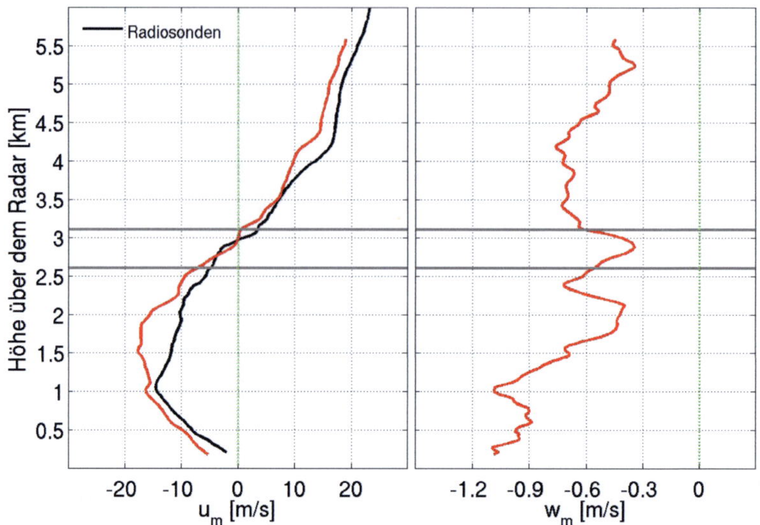

Abbildung 5.17: Horizontalwind u_m und Vertikalgeschwindigkeit der Streuer w_m in Richtung der RHI-Scans (Azimut: 58 Grad) vom 08.01.2010, 13:44:31 UTC. Rot: Berechnete Werte aus RHI-Messungen des Wolkenradars MIRA36-S. Schwarz: Zeitliches und räumliches Mittel von je zwei Radiosondenaufstiegen. Graue Linien grenzen den Bereich ab, in denen wellenartige Strukturen in den Reflektivitäten vorliegen.

In Abb. 5.17 sind die Profile der mittleren horizontalen Windgeschwindigkeit in Scanrichtung und der mittleren Vertikalgeschwindigkeit der Streuer auf Basis des gezeigten RHI-Scans dargestellt. Die Trennung der verschiedenen Advektionsrichtungen der Luftmassen ist im Profil der, aus RHI-Messungen abgeleiteten, horizontalen Windgeschwindigkeit u_m in Abbildung 5.17 ebenfalls deutlich zu erkennen. Unterhalb einer Höhe von 3 km bewegen sich die Hydrometeore in Scanrichtung ($58\,°$) mit bis zu 18 m/s (MIRA36-S) von links nach rechts und oberhalb mit bis zu 19 m/s von rechts nach links.

Anhand des Profils der mittleren Vertikalgeschwindigkeit w_m ist festzustellen, dass die Sedimentationsgeschwindigkeit der Streuer von oben nach unten, ab einer Höhe von $5.2\,$km bis zu einer Höhe von $4.2\,$km um $0.4\,$m/s zunimmt. Es ist davon auszugehen, dass die Größe der Eispartikel in diesem Höhenintervall von oben nach unten zunimmt, da ebenfalls die Reflektivität höhere Werte annimmt. Der weitere Verlauf wird durch minimale Änderungen geprägt, bevor die Sedimentationsgeschwindigkeit in einer Schicht von $3.2\,$km bis $2.9\,$km, im oberen Bereich der Scherungsschicht, wieder um $0.4\,$m/s abnimmt. Obwohl die Werte der Reflektivität in diesem Höhenintervall im Vergleich zu den Werten knapp oberhalb wieder deutlich höher sind, nehmen die Sedimentationsgeschwindigkeiten geringere Werte an. In Verbindung mit den residualen Geschwindigkeiten ist zu erkennen, dass sich die Eispartikel in dieser Schicht auch stellenweise nach oben bewegen. Nach einer erneuten Zu- und Abnahme in der gleichen Größenordnung, nimmt die Geschwindigkeit unterhalb 2 km wieder zu und erreicht Werte, die im Schneefall unterhalb 1 km, zwischen 0.9 m/s und 1.1 m/s liegen.

Zusammenfassung   Im gezeigten Fall liegt die Temperatur im gesamten Messbereich unterhalb von 0°C. Dadurch liegen die Hydrometeore ausschließlich in der Eisphase vor und eine Schmelzschicht ist nicht vorhanden. Die periodischen Fluktuationen der Reflektivitäten stehen in direktem Zusammenhang mit einer ausgeprägten Scherungsschicht. Dies sind ideale Bedingungen für interne Schwerewellen. Neben der Reflektivität ist die residuale Geschwindigkeit die einzige Größe, die deutlich sichtbare periodische Strukturen aufzeigt. Diese Fakten werden so interpretiert, als dass einerseits regelmäßige Auf- und Abwindbereiche initiiert werden und vertikale Austauschprozesse stattfinden. Andererseits wird eine Sperrschicht generiert, die wenige (niedrige Reflektivität) große (hohe Sedimentationsgeschwindigkeit) Eiskristalle und -partikel innerhalb der Schmelzschicht von vielen (höhere Reflektivität) kleinen (niedrige Sedimentationsgeschwindigkeit) oberhalb der Schmelzschicht trennt. Die Eisteilchen innerhalb der Schmelzschicht besitzen zudem eine komplexere Form (hohes LDR), die einer Scheibe ähnelt, welche horizontal ausgerichtet ist (Abnahme des LDR mit zunehmender Abweichung vom Zenit). Die Eisteilchen darüber sind hingegen deutlich runder oder taumeln stark (niedriges LDR). Des weiteren deuten überlappende Bereiche der residualen Geschwindigkeiten auf ein gelegentliches Eindringen der Partikel oberhalb der Sperrschicht in den darunter- und darüberliegenden Bereich hin (siehe Abb. 5.16).

Im Gegensatz zu den dargestellten Messungen vom 06.10.2010 stehen die meisten Strukturen der Reflektivität in der Scherungsschicht in Zusammenhang mit Aufwinden (positive residuale Geschwindigkeiten). Messungen zeitlich vor und nach dem gezeigten RHI-Scan zeigen beständige räumlich periodische Strukturen in dieser Schicht.

Die Erkenntnisse in diesem Kapitel bilden die Grundlage für das nächste Kapitel, in dem interne Schwerewellen in der Atmosphäre anhand von Messungen und der aus Messungen abgeleiteten residualen Geschwindigkeit diskutiert werden.

6 Detektion von Wellen in Wolken

Wie bereits zum Schluss des Kapitels 5 gezeigt, können regelmäßige, wellenartige Strukturen in Wolken mit Hilfe der Reflektivität und der residualen Geschwindigkeit beobachtet werden, z.B. am Fall vom 08.01.2010. Mit der Annahme, dass es sich in diesem Fall um interne Schwerewellen handelt, werden in diesem Kapitel Möglichkeiten diskutiert, die Wellenlänge, die Phasengeschwindigkeit und die Ausbreitungsrichtung mit Hilfe der residualen Geschwindigkeit abzuschätzen. Der Begriff „Welle" bezieht sich in diesem Kapitel ausschließlich auf interne Schwerewellen.

6.1 Wellendetektion

Bisher gibt es kaum Arbeiten zur Messung von internen Schwerewellen in Wolken. Wenn lediglich die direkt gewonnenen Größen, wie die Reflektivität, das LDR, die Dopplergeschwindigkeit und die spektrale Breite berücksichtigt werden, ist es schwierig, Wellen zu detektieren. Dies wird erleichtert mit der Hinzunahme der residuale Geschwindigkeit. Damit können regelmäßige Strukturen in einem festen Höhenbereich Auf- und Abwindbereichen zugeordnet werden. In diesem Kapitel soll ein Verfahren gezeigt werden, in Wolken Wellen detektieren zu können. Hierfür werden folgende Annahmen getroffen:

- Die Atmosphäre ist stabil geschichtet.

- Die Ausbreitungsebene der Welle ist horizontal ausgerichtet.

- Die Ausbreitungsrichtung der Welle α_W weicht maximal 45° von der Richtung des Azimutwinkels α des RHI-Scans ab.

Weiterhin sollen für die verwendeten Daten folgende Bedingungen gelten:

- Es sollen nur Wellen detektiert werden, deren Wellenlängen λ_W maximal der Länge des Messbereichs M_k in einer festen Höhe z_k entsprechen. Dabei ist k der laufende Index für jede Höhenstufe von unten nach oben, beginnend bei 1.

- Der Messbereich in jeder Höhe soll mindestens 10 Radarstrahlen entsprechen, d.h. mindestens 10 Messwerte sollen für die Interpolation der Dopplergeschwindigkeit auf kartesischen Koordinaten, zur Berechnung der residualen Geschwindigkeit (Kap. 5.1), berücksichtigt werden.

Sind diese Voraussetzungen gegeben, wird für jede Höhenstufe mittels Fourier-Transformation die Frequenz der Abfolge von Auf- und Abwinden (schnell wechselnde Vorzeichen der residualen Geschwindigkeit) berechnet. Dabei wird folgendermaßen vorgegangen:

Zunächst werden in jeder Höhenschicht Fehlwerte (z.B. im Faltungsbereich) linear interpoliert. Vom Mittelwert und Trend innerhalb einer Höhenschicht müssen die Daten nicht mehr befreit werden, da dies schon während der Berechnung der residualen Geschwindigkeit geschehen ist. Außerhalb des Messbereichs werden die Daten auf eine feste Datenlänge von 4096 Werten mit dem Wert 0 ergänzt. Dabei nimmt die Länge des Messbereichs aufgrund des Messverfahrens (RHI-Scan) mit zunehmender Höhe zu. Es fließen also mit zunehmender Höhe mehr berechnete Werte der residualen Geschwindigkeit in die Berechnung der Frequenzen ein. Durch die Ergänzung der Werte außerhalb des Messbereichs treten an den Rändern des Messbereichs Sprünge auf, die das Ergebnis der nachfolgenden Fouriertransformation verfälschen können. Diese Sprünge werden mit einem passenden Fensterfilter geglättet. Um ein möglichst deutliches Signal der Wellen zu bekommen und gleichzeitig Unterschwingungen der gefensterten Fouriertransformation zu minimieren, wurde die nachfolgende Fensterfunktion (Hamming-Fenster) gewählt:

$$w^*_{j,k} = 0.54 + 0.46 \, \cos \frac{2\pi n_j}{M_k} \tag{6.1}$$

Dabei ist $n_j = -M_k/2, ..., M_k/2 - 1$ der aktuelle Index des Eingangssignals (residuale Geschwindigkeit) in x-Richtung, in einer festen Höhe z_k, zentriert im Zenit des RHI-Scans. j ist der Zählindex in x-Richtung, beginnend bei 1. M_k ist die Fensterbreite, d.h. die Anzahl der Messwerte, die abhängig von der Messung (RHI) einer Höhe z_k zugeordnet werden können ($M_k = 2\,k\,\tan(45°) = 2\,k$).

Die Fensterfunktion wird für jede Höhe z_k mit den Werten der residualen Geschwindigkeit der selben Höhe gefaltet und nachfolgend mittels diskreter Fouriertransformation in den Frequenzraum transformiert:

$$\hat{v}_{\mathrm{Res},l,k} = \sum_{j=1}^{N(k)} v_{\mathrm{Res},j,k} \cdot w^*_{j,k} \, e^{-i\frac{2\pi(j-1)(l-1)}{4096}} \tag{6.2}$$

Mit der komplexen Konjugation wird dann die spektrale Signalstärke

$$S^*_{l,k} = \hat{v}_{\mathrm{Res},l,k} \cdot \overline{\hat{v}_{\mathrm{Res},l,k}} \tag{6.3}$$

und die Amplitude

$$A_{l,k} = \frac{2}{M_k} \sqrt{S^*_{l,k}} \tag{6.4}$$

sowie die Wellenlänge

$$\lambda_{W,\hat{l}} = \frac{4096}{\hat{l}} \Delta z = \frac{4096}{\hat{l}} \, 30 \text{ m} \tag{6.5}$$

berechnet. Dabei ist $\hat{l} = \{l : l \in \mathbb{N}^* \wedge l < 4096/2\}$.

Die berechnete Wellenlänge basiert auf einer zweidimensionalen Messung (RHI-Scan). Da die Richtung der RHI-Scans nicht in allen Höhen der Ausbreitungsrichtung der detektierten Wellen entsprechen kann, muss die Wellenlänge noch korrigiert werden (Kapitel 6.2). Desweiteren ist der Wellenlängenbereich der detektierbaren Wellen durch die zu Anfang des Kapitels gemachten Annahmen eingeschränkt. Der maximal mögliche Zenitwinkel ($\pm 45°$) eines RHI-Scans, die Abtastgenauigkeit der Messung und die Gitterauflösung des kartesischen Gitters limitieren den Wellenlängenbereich der detektierten Wellen. Deshalb wird zur Interpretation die minimale Wellenlänge, die in jeder Höhe detektiert werden kann, festgelegt auf $\lambda_{W,\mathrm{min}} = 10\,(2\,\Delta x) = 10\,[2\,z_k\,\tan{(\Delta\epsilon/2)}]$. Dies entspricht zehn mal dem Messabstand zwischen zwei Zenitwinkeln ($\Delta\epsilon$), abhängig vom Abstand im Zenit. Die maximale Wellenlänge $\lambda_{W,\mathrm{max}}$ wird begrenzt durch M_k.

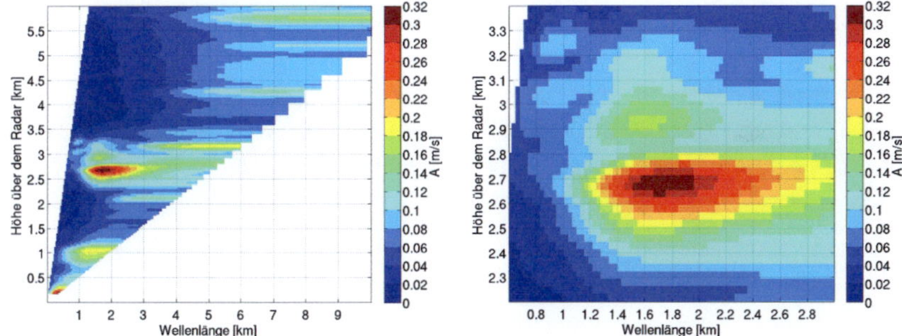

Abbildung 6.1: Die mittlere Amplitude der fouriertransformierten residualen Geschwindigkeit abhängig von der Wellenlänge [km] und der Höhe [km] vom 08.01.2010 aus 96 RHI-Scans zwischen 13:30 UTC und 14:17 UTC. Links: Der gesamte Höhenbereich in dem Hydrometeore detektiert wurden. Rechts: Ein höher aufgelöster Ausschnitt im Bereich der Scherungsschicht.

Die Anwendung des gezeigten Verfahrens zur Abschätzung der Wellenlänge in Abhängigkeit der Höhe wird am Beispiel vom 08.01.2010 veranschaulicht. Hierfür werden RHI-Scans nach dem oben beschriebenen Verfahren ausgewertet und die Amplitude $A_{l,k}$ über eine Stunde gemittelt. Das arithmetische Mittel der Amplituden von 96 RHI-Scans des Zeitraums von 13:30 UTC-14:17 UTC ist in Abb. 6.1 dargestellt. Auffällig sind drei Bereiche hoher Amplituden, unterhalb 0.5 km, in einem Höhenbereich um 1 km und zwischen 2.2 km und 3.4 km (Abb. 6.1, links). Für die Bereiche unterhalb 1.5 km ist die Zuordnung von Wellenlängen schwierig, da die maximalen Amplituden am Rand des detektierbaren Bereichs innerhalb des jeweiligen Höhenabschnitts liegen und somit wenig Daten in die Fourier-Transformation eingehen. Deshalb wird im Folgenden hauptsächlich der Höhenabschnitt zwischen 2.2 km und 3.4 km diskutiert, in dem sich eine ausgeprägte Scherungsschicht befindet (siehe Kap. 5.2.2). Dieser Höhenabschnitt ist in Abb. 6.1, rechts, detaillierter dargestellt. Es sind drei Bereiche erhöhter Amplituden zu erkennen, die sich von der Umgebung abgrenzen. Im ersten Höhenbereich von 2.5 km bis 2.8 km liegt das jeweilige Maximum der Amplituden (abhängig von der Höhe) bei einer Wellenlänge von etwa 1.7 km und die höchste Amplitude ist in einer Höhe von ca. 2.7 km zu finden. Der zweite Bereich erhöhter Amplituden befindet sich in einem Höhenbereich zwischen 2.8 km und 3.1 km und die Maxima der Amplituden können einer Wellenlänge von ca. 1.6 km zugeordnet werden. Der dritte Höhenabschnitt erhöhter Amplituden ist zwischen 3.15 km und 3.35 km angedeutet. In diesem Höhenabschnitt sind die Maxima der Amplituden für kürzere Wellenlängen von ca. 0.9 km zu erkennen.

Die gezeigten abgegrenzten Bereiche erhöhter Amplituden deuten auf das Vorhandensein von Wellen hin. Die berechneten Wellenlängen aus zweidimensionalen Daten sind dabei ein erstes Maß für die „wahre" Wellenlänge. Für die Abschätzung der „wahren" Wellenlänge der dreidimensionalen Welle ist die Kenntnis der Ausbreitungsrichtung nötig. Eine erste Abschätzung der Ausbreitungsrichtung wird mit Hilfe des horizontalen Grundstroms, bzw. des mittleren Horizontalwinds vorgenommen und in Kapitel 6.2 diskutiert.

Mit den fouriertransformierten residualen Geschwindigkeiten konnten Periodizitäten, mögliche Wellen, in Höhen zwischen 2.5 km und 3.35 km detektiert werden. Die Eigenschaften der Periodizitäten werden im Folgenden untersucht und verglichen mit den Eigenschaften von internen Schwerewellen.

6.2   Eigenschaften der detektierten Wellen

Ziel ist es, Wellenparameter wie die Wellenlänge und die Phasengeschwindigkeit, aus Messungen von RHI-Scans mit einem Wolkenradar abzuschätzen. Für die anschließende Diskussion sollen Referenzwerte dieser Parameter auf der Basis theoretischer Grundlagen aus Radiosondenmessungen abgeleitet werden.

6.2.1   Abschätzung der Phasengeschwindigkeit und Wellenlänge mittels Radiosondendaten

Voraussetzung für das Auftreten interner Schwerewellen ist eine thermisch geschichtete Atmosphäre. Ist die Atmosphäre stabil geschichtet, erfahren Luftpakete bei einer Auslenkung in großen Höhen eine rücktreibende Kraft durch die Schwerkraft. Wenn man von Reibungseinflüssen absieht, folgt aus einer vereinfachten Form der Vertikalbeschleunigung des Luftpakets die Schwingungsdifferentialgleichung:

$$\frac{d^2w}{dt^2} + N^2w = 0 \tag{6.6}$$

mit der Vertikalgeschwindigkeit w und der Brunt-Väisälä-Frequenz für trockene Luft

$$N = \sqrt{\frac{g}{\theta}\frac{\partial\theta}{\partial z}} \tag{6.7}$$

Hierbei ist $g = 9.81$ m/s die Schwerebeschleunigung. Die Brunt-Väisälä-Frequenz ist ein Stabilitätsmaß der Atmosphäre und abhängig von der potentiellen Temperatur trockener Luft:

$$\theta = T\left(\frac{p_0}{p}\right)^{\frac{R_L}{c_p}} \tag{6.8}$$

Diese Temperatur würde erreicht werden, wenn ein Luftpaket adiabatisch vom Druck p auf Normaldruck ($p_0 = 1000$ hPa) gebracht würde. $R_L = 287$ J/(kg K) ist die spezifische Gaskonstante für trockene Luft und $c_p = 1004$ J/(kg K) die spezifische Wärmekapazität bei konstantem Druck.

Mit den Anfangsbedingungen für kleine, beschleunigungsfreie Vertikalgeschwindigkeiten $w(t_0) = w_0$ und $dw(t_0)/dt = 0$ zum Zeitpunkt $t_0 = 0$ ergeben sich Lösungen der Schwingungsdifferentialgleichung für folgende Fälle:

$$w(t) = \begin{cases} w_0\,\cosh(|N|\,t) & \text{für}\quad N^2 < 0 \\ w_0 & \text{für}\quad N^2 = 0 \\ w_0\,\cos(N\,t) & \text{für}\quad N^2 > 0 \end{cases} \tag{6.9}$$

Für $N^2 < 0$ entfernt sich ein Luftpartikel mit zunehmender Zeit von der Ausgangslage. Der instabile Fall liegt vor und das Luftpartikel ist bei einer virtuellen Auslenkung nach oben wärmer als ihre Umgebung und ein Auftrieb wird wirksam. Für $N^2 = 0$ liegt der neutrale Fall vor und das Luftpartikel verharrt in der Ausgangslage. Für $N^2 > 0$, im stabilen Fall, findet eine harmonische Schwingung um die Ausgangslage statt. D.h. bei einer virtuellen Auslenkung nach oben ist das Luftpartikel kälter und schwerer als ihre Umgebung und die rücktreibende Kraft (Schwerebeschleunigung) wird wirksam. Im umgekehrten Fall, bei einer Auslenkung nach unten, kehren sich die Verhältnisse um und der Auftrieb ist die bestimmende Kraft. Somit muss für interne Schwerewellen eine stabile Schichtung vorhanden sein und für die Brunt-Väisälä-Frequenzen gelten: $N^2 > 0$ ($\partial\theta/\partial z > 0$, Gl. 6.7).

Die horizontale Phasengeschwindigkeit c_W einer internen Schwerewelle kann unter Verwendung der Brunt-Väisälä-Frequenz abgeschätzt werden zu (siehe u.a. Houze, 1993):

$$c_W = u_0 \pm \frac{N}{k} = u_0 \pm \frac{N\,\lambda_W}{2\,\pi} \qquad (6.10)$$

Dabei ist u_0 der horizontale Grundstrom, k die horizontale Wellenzahl und λ_W die horizontale Länge der Welle. Dies ist eine vereinfachte Form der Berechnung der Phasengeschwindigkeit unter der Annahme, dass die vertikale Ausbreitungskomponente der Welle viel kleiner ist als die horizontale. Dies trifft zu, wenn sich die Strömung im hydrostatischen Gleichgewicht befindet.

Die Phasengeschwindigkeit c_W einer internen Schwerewelle wird im Folgenden zunächst mit Daten von Radiosondenaufstiegen berechnet und im weiteren Verlauf in Relation gesetzt mit einer Phasengeschwindigkeit, die rein aus Wolkenradar-Messungen auf der Basis von RHI-Scans abgeschätzt wird.

Um die Phasengeschwindigkeit mit Hilfe der Gl. 6.10 abschätzen zu können, muss das Profil der potentiellen Temperatur und das Profil des horizontalen Grundstroms bekannt sein. Da das Wolkenradar keine Temperaturen und Drücke misst, werden als Näherung die Werte operationell messender Radiosonden in Stuttgart/Schnarrenberg (ST) und Idar-Oberstein (IO) herangezogen. Aus den dort gemessenen Profilen der Temperatur T und des Drucks p werden Profile der potentiellen Temperatur (Gl. 6.8) und der Brunt-Väisälä-Frequenz (Gl. 6.7) berechnet und für Messungen vom 08.01.2010, 12:00 UTC in Abb. 6.2 dargestellt.

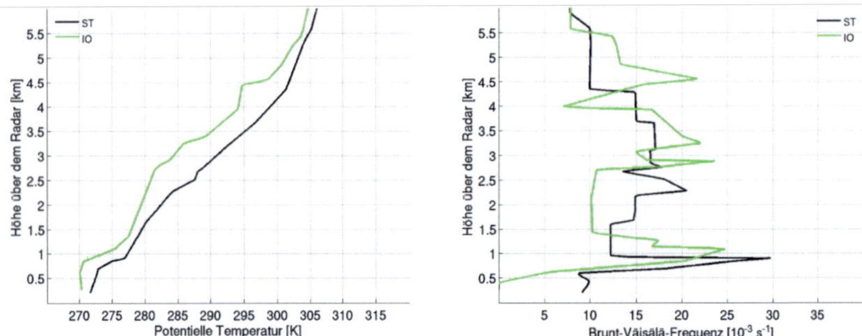

Abbildung 6.2: Berechnete potentielle Temperatur (links) und Brunt-Väisälä-Frequenz für trockene Luft (rechts) auf der Basis von Radiosondenmessungen vom 08.01.2010, 12:00 UTC am Standort ST (schwarz) und IO (grün).

Die potentielle Temperatur (Abb. 6.2) nimmt für beide Profile (ST, IO) oberhalb 500 m mit der Höhe zu und die Atmosphäre ist trockenstabil geschichtet. Die stabile Schichtung zeigt sich auch in den daraus berechneten positiven Frequenzen der Brunt-Väisälä-Frequenz für trockene Luft ($N > 0\,1/s$). In den Profilen am Standort ST sind zwei Bereiche auffällig: Die stabilste Schichtung befindet sich knapp unterhalb 1 km, erkennbar an der deutlichsten Zunahme der potentiellen Temperatur und den höchsten Brunt-Väisälä-Frequenzen. Ein weiterer Bereich hoher

Brunt-Väisälä-Frequenzen, in dem sich auch die ausgeprägte Scherungsschicht befindet, ist in einem Höhenintervall zwischen 2.2 km und 3.7 km zu erkennen und wird lediglich in einem Höhenbereich von etwa (2.7 ± 0.1)km, direkt oberhalb einer Inversion (Abb. 5.13) unterbrochen. Die niedrigen Brunt-Väisälä-Frequenzen im Höhenbereich von (2.7 ± 0.1)km stehen in Zusammenhang mit einer nahezu isothermen Schicht, die auch an der geringen Zunahme der potentiellen Temperatur mit der Höhe sichtbar wird. In den Profilen am Standort IO ist ebenfalls eine stabile Schichtung zu erkennen, die unterhalb 1 km beginnt, sich aber bis knapp 1.5 km erstreckt. Die weiteren Höhenintervalle stabiler Schichtung sind verständlicherweise verbunden mit den Inversionsschichten (siehe Abb. 5.13). Sie liegen oberhalb der stabilen Bereiche, die im Profil der Brunt-Väisälä-Frequenz am Standort ST angezeigt werden und befinden sich knapp unterhalb 3 km, zwischen 3.1 km und 4 km, sowie knapp oberhalb 4.5 km.

Um nun die horizontale Phasengeschwindigkeit c_W (Gl. 6.10) abzuschätzen, ist die Kenntnis des mittleren Windfeldes am Radarstandort notwendig. Zur Verfügung stehen Messungen vom Wolkenradar selbst (PPI-Scan von 13:05 UTC und anschließende Berechnung des Windfeldes mittels VAD-Algorithmus (Kap. 2.4.2)) und von Radiosondenaufstiegen an den Standorten ST und IO (12:00 UTC). Diese sind in Abb. 6.3 dargestellt. Auf die auffälligsten Merkmale der Profile der Windgeschwindigkeit und Windrichtung anhand Messungen des Wolkenradars in Abb. 6.3 wurde bereits in Kap. 5.2.2 eingegangen. Unterschiede im Verlauf der Profile sind aufgrund der verschiedenen Messzeitpunkte und Standorte zu erkennen. Messungen des Wolkenradars und des Sondenaufstiegs am Standort ST zeigen beispielsweise den Beginn der ausgeprägten Rechtsdrehung des Windes in einer Höhe knapp oberhalb 2 km, während Messungen des Sondenaufstiegs am Standort IO dies erst knapp unterhalb 2 km zeigen.

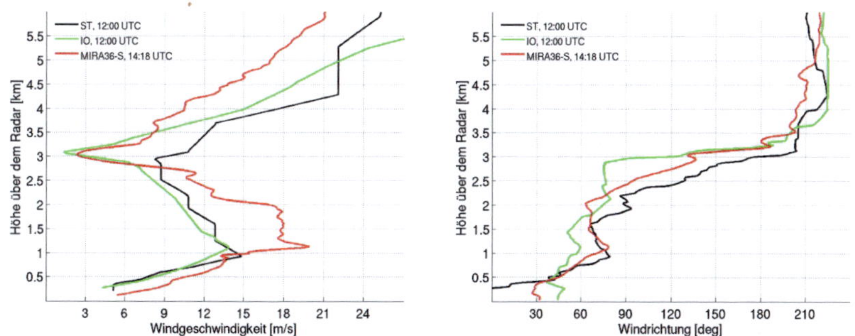

Abbildung 6.3: Profile der Windgeschwindigkeit (links) und Windrichtung (rechts) aus Messungen des Wolkenradars MIRA36-S (rot) und der Radiosondenaufstiege am Standort ST (schwarz) und IO (grün).

Zusammenfassend bleibt festzustellen, dass die Höhenabschnitte, in denen Wellen vermutet werden (Abb. 6.1), gekennzeichnet sind durch eine starke Richtungsscherung, sowie eine starke Geschwindigkeitsscherung. Die höchsten Amplituden der Wellen sind im Höhenabschnitt zwischen 2.5 km und 2.8 km zu erkennen (Abb. 6.1). In diesem Höhenbereich ist eine ausge-prägte monotone Rechtsdrehung des Windes und eine Vorzeichenänderung des Geschwindig-keitsgradienten des Windes, gefolgt von einer starken Abnahme der Geschwindigkeit mit der Höhe zu erkennen. Die starken Scherungen, die zuvor beschriebene stabile, nahezu isother-me Schichtung in Abschnitten der Scherungsschicht und das Vorhandensein von regelmäßigen angeordneten Strukturen in der Reflektivität und in der residualen Geschwindigkeit innerhalb einer ausgeprägten Scherungsschicht sprechen für die Annahme, dass interne Schwerewellen vorliegen.

Zur Abschätzung der Wellenlängen und Phasengeschwindigkeiten nach Gl. 6.10 wird das Hauptaugenmerk auf die in Kap. 6.1 genannten drei Höhenabschnitte gelegt, in denen peri-odische Fluktuationen der residualen Geschwindigkeit detektiert wurden. Diese befinden sich in den Höhenintervallen (1) 2.5 km-2.8 km, (2) 2.8 km-3.1 km und (3) 3.15 km-3.35 km. Die für diese Höhenintervalle repräsentativen Brunt-Väisälä-Frequenzen und Windgeschwindigkeiten auf Basis der gezeigten Profile sind Tab. 6.1 zu entnehmen.

	2.5 km −2.8 km	2.8 km −3.1 km	3.15 km −3.35 km
$N_{\mathrm{ST}}\ [10^{-3}\,\mathrm{s}^{-1}]$	16.3 ± 1.6	16.7 ± 0.2	17.1 ± 0
$N_{\mathrm{IO}}\ [10^{-3}\,\mathrm{s}^{-1}]$	12.2 ± 3.1	17.6 ± 3.1	20.6 ± 1.3
$u_{\mathrm{PPI}}\ [\mathrm{m/s}]$	10.4 ± 1.1	4.2 ± 2.0	6.3 ± 1.3
$u_{\mathrm{ST}}\ [\mathrm{m/s}]$	8.8 ± 0.1	9.1 ± 0.8	11.3 ± 0.3
$u_{\mathrm{IO}}\ [\mathrm{m/s}]$	7.6 ± 0.4	4.4 ± 2.1	4.9 ± 1.3
$\alpha_{w,\mathrm{PPI}}\ [°]$	108 ± 11	133 ± 5	180 ± 6
$\alpha_{w,\mathrm{ST}}\ [°]$	137 ± 7	170 ± 19	203 ± 0
$\alpha_{w,\mathrm{IO}}\ [°]$	76 ± 1	97 ± 24	180 ± 17

Tabelle 6.1: Mittlere Werte und deren Standardabweichung von der horizontalen Windge-schwindigkeit u_{PPI} und Windrichtung $\alpha_{w,\mathrm{PPI}}$ zum Zeitpunkt 14:18 UTC (MIRA36-S: PPI-Scan). Mittlere Werte und deren Standardabweichung von der Brunt-Väisälä-Frequenz N, der horizon-talen Windgeschwindigkeit u und Windrichtung α_w zum Zeitpunkt 12:00 UTC (Radiosonden: ST, IO).

Für eine erste Abschätzung der Phasengeschwindigkeit wird diese als Funktion der Wel-lenlänge berechnet (Gl. 6.10) und ist in Abb. 6.4 dargestellt. Hierfür wurden drei verschie-dene Brunt-Väisälä-Frequenzen, $N = 12 \times 10^{-3}\,\mathrm{s}^{-1}$ (rot), $N = 16 \times 10^{-3}\,\mathrm{s}^{-1}$ (grün), $N = 20 \times 10^{-3}\,\mathrm{s}^{-1}$ (blau)) und zwei verschiedene Horizontalgeschwindigkeiten von $u = 5\,\mathrm{m/s}$ und

$u = 10\,\mathrm{m/s}$ fest gewählt, die die Variabilität der Messwerte aus Tab. 6.1 wiedergeben. Die in Abb. 6.4 gezeigten Werte sollen die zu erwarteten Phasengeschwindigkeiten als Funktion der Wellenlängen im Bereich der Scherungsschicht repräsentieren.

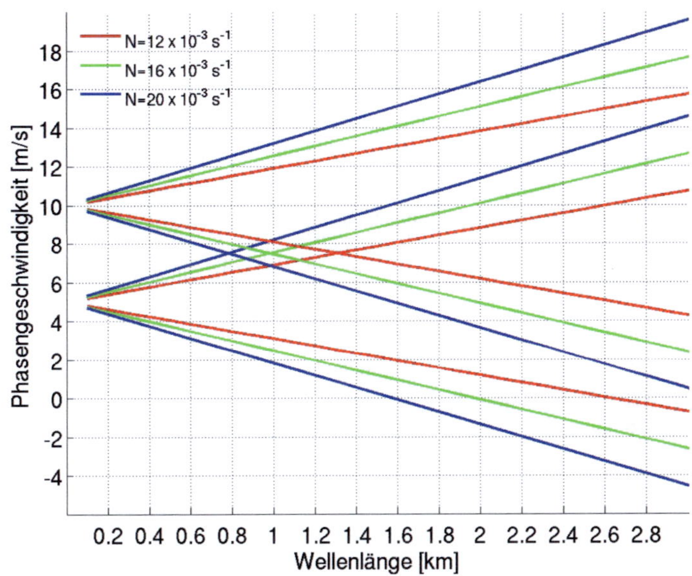

Abbildung 6.4: Berechnung der Phasengeschwindigkeit c_W interner Schwerewellen nach Gl. 6.10 als Funktion der Wellenlänge für die Brunt-Väisälä-Frequenzen $N = 12{\times}10^{-3}\,\mathrm{s}^{-1}$ (rot), $N = 16{\times}10^{-3}\,\mathrm{s}^{-1}$ (grün), $N = 20{\times}10^{-3}\,\mathrm{s}^{-1}$ (blau) und die Horizontalgeschwindigkeiten von $u = 5\,\mathrm{m/s}$ und $u = 10\,\mathrm{m/s}$ (für $\lambda_W = 0$ ist $c_W = u$).

6.2.2 Abschätzung der Phasengeschwindigkeit und Wellenlänge mittels Wolkenradar

Eine erste Abschätzung der Phasengeschwindigkeit in Scan-Richtung mittels Wolkenradar liefert die Kreuzkorrelation der residualen Geschwindigkeiten jedes gleitenden Höhenintervalls über drei Höhenstufen zwischen zwei zeitlich aufeinanderfolgenden ($\Delta t = 30$ s) RHI-Scans. Dabei wird die horizontale Verteilung der residualen Geschwindigkeiten in einem Höhenintervall zum Zeitpunkt t_{i+1} um bis zu 25 Gitterpunkte in x-Richtung ($dx = 30$ m) jeweils nach rechts und links verschoben. Die maximale Anzahl der Gitterpunkte wurde so gewählt, dass kein Aliasing der Verlagerungsgeschwindigkeit stattfinden kann. Ein Aliasing der Geschwindigkeit wird erst möglich, wenn sich die Strukturen mit mindestens 25 m/s verlagern würden. Anhand der zu erwartenden abgeschätzten Phasengeschwindigkeiten für Wellenlängen kleiner $3\,\mathrm{km}$ (Abb. 6.4) wird diese Aliasing-Geschwindigkeit nicht überschritten und die Begrenzung der Verschiebung auf 25 Gitterpunkte ist ausreichend. Für jeden Verschiebungsschritt dx wird der Korrelationskoeffizient aus dem horizontal verschobenen Höhenintervall zum Zeitpunkt t_{i+1} und dem unverschobenen zum Zeitpunkt t_i berechnet. Der höchste Korrelationskoeffizient gibt dann die horizontale Verlagerung der Strukturen relativ zur Richtung des RHI-Scans an. Zur Reduktion des Rauschens erfolgt zunächst eine Mittelung. Die Verschiebung für den Zeitpunkt t_i und der Höhe z_i wird durch den maximalen Korrelationskoeffizient $\varrho_C(t_i, z_i)$ in einem Zeitabschnitt von t_{i-2} bis t_{i+2} und einem Höhenabschnitt zwischen z_{i-2} und z_{i+2} bestimmt. Aus der Verschiebung in Gitterpunkten, dem Gitterabstand und der Zeitspanne aufeinander folgender RHI-Scans kann die horizontale Verlagerungsgeschwindigkeit in Scan-Richtung bestimmt werden. Mit der Annahme, dass sich die Strukturen näherungsweise mit der gleichen Geschwindigkeit wie die möglichen internen Schwerewellen in Richtung der Wellen bewegen, wird die Verlagerungsgeschwindigkeit der Strukturen $c_{W,R}$ (R steht für **R**adar) als eine Abschätzung der Phasengeschwindigkeit aufgefasst.

Die horizontale Verlagerungsgeschwindigkeit ist für den Zeitraum von 13:30 UTC bis 14:17 UTC für einen Höhenbereich zwischen $2.2\,\mathrm{km}$ und $3.3\,\mathrm{km}$ dargestellt in Abb. 6.5, oben. Bereiche negativer Verlagerungsgeschwindigkeiten sind meist unterhalb einer Höhe von $2.9\,\mathrm{km}$ zu finden, d.h. die Strukturen bewegen sich in diesem Fall in Richtung des mittleren Horizontalwindes (siehe Abb. 6.6), in Scan-Richtung (RHI-Scan) von links nach rechts. Oberhalb $2.9\,\mathrm{km}$ bewegen sich die Strukturen einerseits in Richtung des Horizontalwindes. Ein Zeitabschnitt, für den dies besonders zutrifft, ist zwischen 14:10 UTC und 14:17 UTC zu erkennen. Andererseits sind auch Bereiche erkennbar, in denen sich die Strukturen zeitweise deutlich entgegen dem Horizontalwind bewegen, besonders im Zeitintervall zwischen 13:48 UTC und 13:54 UTC. In dieser Zeit bewegen sich die Strukturen mit 6 m/s bis 8 m/s von links nach rechts, während die Streuer durch dem Horizontalwind mit etwa 3 m/s von rechts nach links bewegt werden. Stabile, gleichmäßige Strukturen in den residualen Geschwindigkeiten sind anhand hoher Korrelationskoeffizienten (Abb. 6.5, unten), $\varrho_C(t_i, z_i) > 0.7$ zu erkennen, die besonders im Zeitraum 13:48 UTC und 13:54 UTC in einer Höhe von 2.5 km bis 2.7 km zu finden sind. Bei der Betrachtung des gesamten Zeitraums fällt auf, dass stabile, sich verlagernde Strukturen der residualen Geschwindigkeit immer wieder in Höhen zwischen 2.30 km und 2.75 km sowie zwischen 3.05 km und 3.30 km zu sehen sind. Instabile Strukturen der residualen Geschwindigkeit sind dagegen hauptsächlich zwischen 2.75 km und 3.05 km augenscheinlich. Vergleicht man dieses Ergebnis, speziell die letzten Minuten vor 14:17 UTC, mit den Windprofilen (Abb. 6.3) des Wolkenradars von 14:18 UTC, befinden sich instabile Strukturen der residualen Geschwindigkeit in einem Höhenabschnitt minimaler Geschwindigkeiten des Horizontalwindes und gleichzeitig im Bereich schnell wechselnder Windrichtungen und somit vermutlich in einem turbulenzgeprägten Höhenabschnitt. Die stabilen Strukturen stehen hingegen in Zusammenhang mit einer ausgeprägten Rechtsdrehung des Windes und einem starken Gradienten der Windgeschwindigkeit.

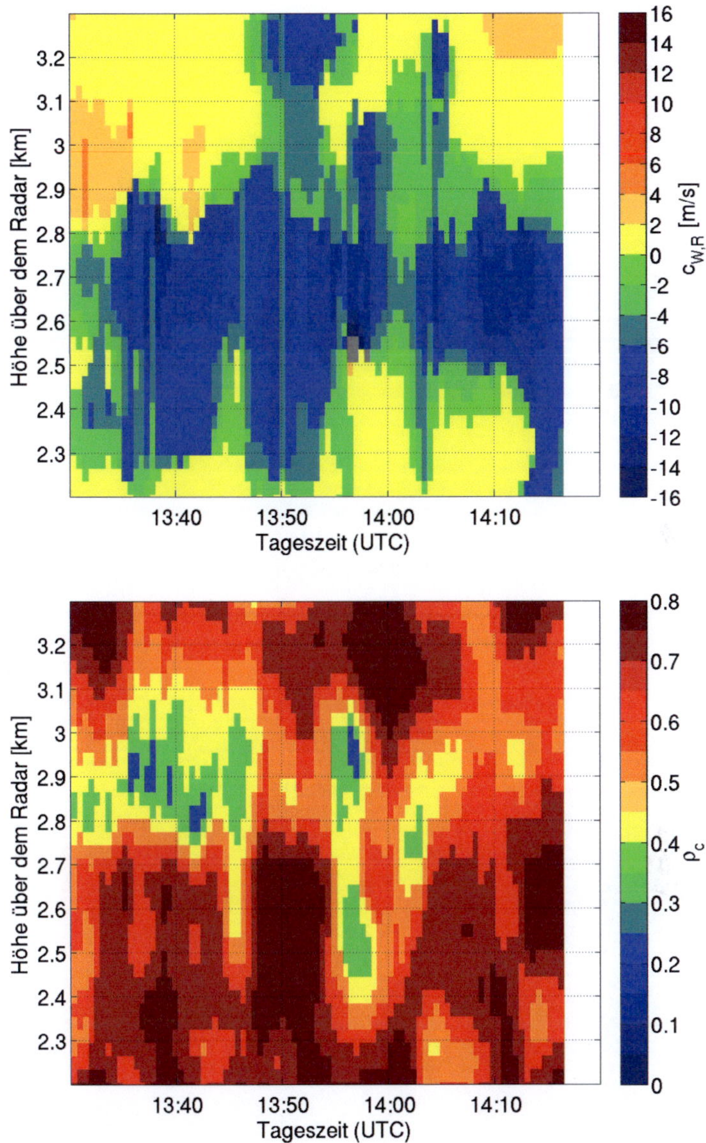

Abbildung 6.5: Oben: Aus den residualen Geschwindigkeiten (abgeleitet aus Dopplermessungen mittels RHI-Scans vom 08.01.2010) berechnete Werte der horizontalen Verlagerungsgeschwindigkeit $c_{W,R}$ von Strukturen hoher und niedriger residualer Geschwindigkeiten in m/s zwischen 13:30 UTC und 14:17 UTC für das Höhenintervall 2.2 km bis 3.3 km. Unten: Der für die Berechnung der Verlagerungsgeschwindigkeit zugrundeliegende Korrelationskoeffizient $\varrho_C(t_i, z_i)$ (siehe Text).

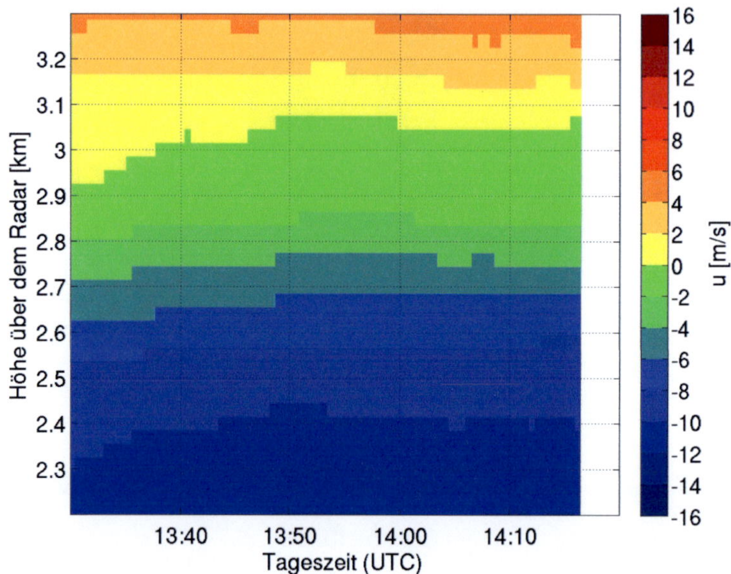

Abbildung 6.6: Aus Dopplermessungen (RHI-Scans) abgeleiteter Horizontalwind u_m in m/s vom 08.01.2010 zwischen 13:30 UTC und 14:17 UTC, für das Höhenintervall 2.2 km bis 3.3 km.

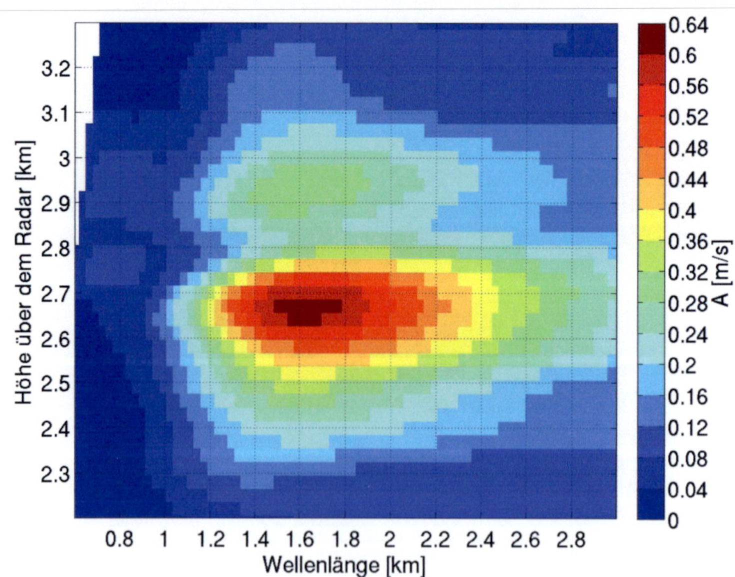

Abbildung 6.7: Wie Abb. 6.1 für das Zeitintervall zwischen 13:48 UTC bis 13:54 UTC.

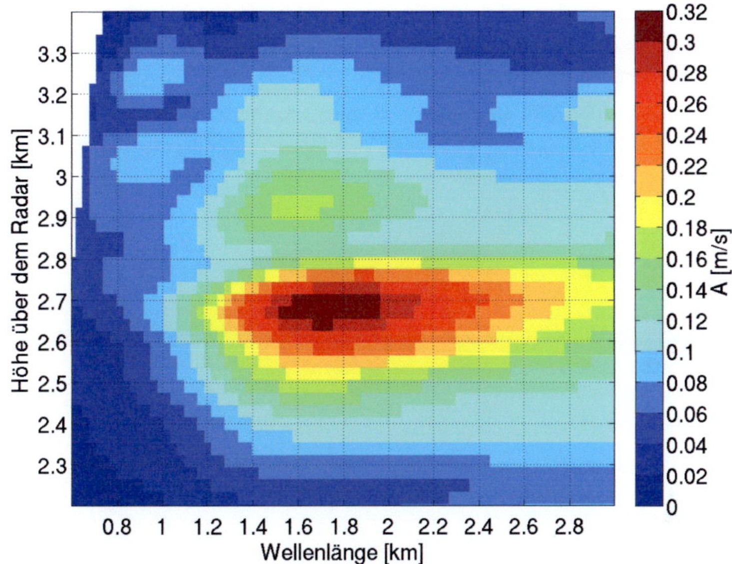

Abbildung 6.8: Wie Abb. 6.1 für das Zeitintervall zwischen 14:10 UTC bis 14:17 UTC

Die besonderen Zeitabschnitte, in denen sich Strukturen periodischer residualer Geschwindigkeiten oberhalb 3 km einmal mit dem Horizontalwind und einmal entgegengesetzt verlagern, werden gesondert betrachtet. Die Wellenlänge wird analog zur Detektion von Wellen berechnet (Kap. 6.1) für die beiden Zeitfenster von a) 13:48 UTC bis 13:54 UTC und b) 14:10 UTC bis 14:17 UTC. Für beide Zeitfenster sind zwei Bereiche erhöhter Amplituden zu erkennen. Der erste befindet sich im Höhenabschnitt zwischen 2.5 km und 2.8 km (Abb. 6.7, 6.8). Die maximalen Amplituden in jeder Höhe in diesem Höhenabschnitt können dabei Wellenlängen von ca. 1.6 km zugeordnet werden. Die dafür verantwortlichen Periodizität der residualen Geschwindigkeit wird als „Welle 1" bezeichnet. Der zweite Bereich befindet sich direkt darüber und erstreckt sich von 2.8 km bis 3.1 km. Die maximalen Amplituden sind bei Wellenlängen zwischen 1.5 km und 1.8 km zu erkennen. Diese Periodizität wird als „Welle 2" bezeichnet. Für beide Wellen sind die Amplituden im Zeitfenster b) schwächer ausgeprägt. Zusätzlich sind im Zeitfenster b) zwei weitere Bereiche erhöhter Amplituden in den Höhenabschnitten von 3.0 km bis 3.1 km und 3.15 km bis 3.35 km für Wellenlängen von etwa 0.9 km zu sehen. Der Bereich der erhöhten Amplituden, der sich deutlicher abzeichnet, befindet sich im Höhenabschnitt von 3.15 km bis 3.35 km und wird als „Welle 3" bezeichnet.

Um die anschließende Diskussion übersichtlich zu gestalten, werden für die beiden beschriebenen Zeitfenster Höhenabschnitte und Wellenlängenbereiche betrachtet, die den drei definierten

Wellen zugeordnet wurden. Die ermittelten Größen für die jeweilige Welle im jeweiligen Zeitfenster ist in Tab. 6.2 aufgeführt.

Mit der Annahme, dass sich die Wellen in Richtung des horizontalen Grundstroms bewegen, wird die Wellenlänge λ_W und die Phasengeschwindigkeit c_W für die drei Wellenbereiche Welle 1, Welle 2 und Welle 3 abgeschätzt:

$$\lambda_W = \lambda_{W,\mathrm{RHI}} \mid \cos(\alpha - \alpha_{w,PPI}) \mid$$
$$c_W = \frac{c_{W,\mathrm{RHI}}}{\cos(\alpha - \alpha_{w,PPI})} \tag{6.11}$$

Der Azimuth der RHI-Scans ist $\alpha = 58°$.

RHI-Scans	13:48 UTC-13:54 UTC			14:10 UTC-14:17 UTC		
	Welle 1	Welle 2	Welle 3	Welle 1	Welle 2	Welle 3
$\lambda_{W,\mathrm{RHI}}$ [km]	1.6 ± 0.2	1.7 ± 0.2	–	1.8 ± 0.2	1.8 ± 0.2	0.9 ± 0.1
$c_{W,\mathrm{RHI}}$ [m/s]	-8.1 ± 1.5	-6.1 ± 2.2	-7.2 ± 1.6	-9.3 ± 1.7	-2.7 ± 4.3	3.6 ± 0.8
ϱ_c	0.8 ± 0.2	0.6 ± 0.2	0.7 ± 0.2	0.8 ± 0.1	0.6 ± 0.1	0.8 ± 0.1
u_m [m/s]	-6.3 ± 1.8	-1.1 ± 0.8	3.6 ± 0.8	-6.4 ± 1.8	-1.0 ± 0.7	3.9 ± 0.5

Tabelle 6.2: Mittlere Werte und deren Standardabweichung von der Wellenlänge $\lambda_{W,\mathrm{RHI}}$, horizontale Verlagerungsgeschwindigkeit von räumlichen Fluktuationen in den residualen Geschwindigkeiten $c_{W,\mathrm{RHI}}$, Korrelationskoeffizient der Verlagerungsgeschwindigkeit ϱ_c und horizontale Windgeschwindigkeit u_m für die Zeiträume 13:48 UTC-13:54 UTC und 14:10 UTC-14:17 UTC (RHI-Scans).

Welle 1   Die Wellenlänge in Scanrichtung beträgt im Mittel über das jeweilige Zeitfenster $\lambda_{W,\mathrm{RHI}} = (1.6 \pm 0.2)$ km (Tab. 6.2, erstes Zeitfenster) und $\lambda_{W,\mathrm{RHI}} = (1.8 \pm 0.2)$ km (Tab. 6.2, zweites Zeitfenster). Der Mittelwert der Verlagerungsgeschwindigkeit, die nach Annahme der Phasengeschwindigkeit entsprechen soll, ist $c_{W,\mathrm{RHI}} = (-8,1 \pm 1.5)$ m/s (Tab. 6.2, erstes Zeitfenster) und $c_{W,\mathrm{RHI}} = (-9.3 \pm 1.7)$ m/s (Tab. 6.2, zweites Zeitfenster). Die Windrichtung ist in dieser Schicht zum Zeitpunkt 14:18 UTC, eine Minute nach dem Ende des ersten Zeitfensters, $\alpha_{w,PPI} = (108 \pm 11)°$ (Tab. 6.1). Für den Höhenabschnitt, in dem Welle 1 detektiert wurde, ist die Wellenlänge in Ausbreitungsrichtung $\lambda_W = (1.0 \pm 0.6)$ km für das erste Zeitfenster, bzw. $\lambda_W = (1.1 \pm 0.4)$ km für das zweite (Gl. 6.11). Die Phasengeschwindigkeit in Ausbreitungsrichtung ist $c_W = (12.6 \pm 5.7)$ m/s im ersten Zeitfenster und $c_W = (14.8 \pm 6.5)$ m/s im zweiten

Zeitfenster (Gl. 6.11). Im ersten Höhenabschnitt, in der sich Welle 1 befindet, ist die mittlere horizontale Geschwindigkeit $u_{m,\mathrm{PPI}} = (10.4 \pm 1.1)$ m/s (Tab. 6.1). Etwa zwei Stunden zuvor (Radiosondenaufstieg) nimmt die Brunt-Väisälä-Frequenz Werte von $(16.3 \pm 1.6)\times 10^{-3}\,\mathrm{s}^{-1}$ (ST) und $(12.2 \pm 3.1)\times 10^{-3}\,\mathrm{s}^{-1}$ (IO) an (Tab. 6.1).

Nach den theoretischen Vorgaben auf der Basis der Radiosondenmessungen (Abb. 6.4) müsste Welle 1 für diese Werte mit etwa 12 m/s in Richtung des horizontalen Grundstroms, bzw. mit etwa 8 m/s entgegen des Grundstroms laufen. Da sich die Strukturen in diesem Höhenabschnitt mit dem Grundstrom verlagern, ist der erste Bereich der Entscheidende. D.h. die aus Messungen des Wolkenradars abgeleitete Verlagerungsgeschwindigkeit stimmt im ersten Zeitfenster in guter Näherung mit der aus Radiosondenmessungen abgeleiteten Phasengeschwindigkeit überein und zeigt im zweiten Zeitfenster eine Abweichung von ca. 3 m/s, die wiederum im Bereich der Standardabweichung von c_W liegt.

Welle 2 Für die Welle 2 wird gleichermaßen vorgegangen und die Phasengeschwindigkeit in Ausbreitungsrichtung ist $c_W = (23.6 \pm 18.2)$ m/s (erstes Zeitfenster) und $c_W = (10.4 \pm 22.5)$ m/s (zweites Zeitfenster), während die Wellenlänge $\lambda_W = (0.4 \pm 0.2)$ km (erstes Zeitfenster) und $\lambda_W = (0.5 \pm 0.2)$ km (zweites Zeitfenster) in Richtung des Horizontalwinds beträgt. Mit einem Horizontalwind von $u = (4.2 \pm 2.0)$ m/s und einer Brunt-Väisälä-Frequenz von $N_{ST} = (16.7 \pm 0.2)\times 10^{-3}\,\mathrm{s}^{-1}$, bzw. $N_{IO} = (17.6 \pm 3.1)\times 10^{-3}\,\mathrm{s}^{-1}$ kann die zu erwartende Phasengeschwindigkeit abgeschätzt werden zu 5.5 m/s in Windrichtung und 2.5 m/s entgegen der Windrichtung.

In diesem Fall zeigt sich, dass sich die Welle in diesem Höhenabschnitt nicht mit dem Horizontalwind dieses Höhenabschnitts ausbreitet. Dabei ist zu beachten, dass die Standardabweichung der Wellenlänge und Phasengeschwindigkeit in dieser Schicht aufgrund der starken Scherung sehr große Werte annimmt. Dennoch ist die Abweichung der abgeschätzten Phasengeschwindigkeit aus Messungen des Wolkenradars gegenüber den zu erwartenden Phasengeschwindigkeiten im zweiten Zeitfenster groß. Mit der hypothetischen Annahme, dass im ersten Zeitfenster Welle 2 von Welle 1 beeinflusst wird, wäre die Annahme der Ausbreitungsrichtung der Welle 2 mit der Windrichtung falsch und sie müsste sich in Ausbreitungsrichtung der Welle 1 bewegen. Dies zeigt sich zum einen darin, dass die Verlagerungsrichtung relativ zur Scanrichtung der RHI-Scans im Höhenabschnitt der Welle 2 und darüber hinaus, bis zu einer Höhe von 3.3 km, jener von Welle 1 entspricht (Abb. 6.5, oben). Zum anderen ist dies im Verhalten der Änderungen der Wellenlängen zu erkennen, die im ersten Zeitfenster (13:48 UTC bis 13:54 UTC) synchron verlaufen (Abb. 6.9). Für die in Abb. 6.9 dargestellte zeitliche Änderung der Wellenlängen und Amplituden werden im ersten Schritt für jeden RHI-Scan im Abstand von 30 s die Wellenlängen und Amplituden jeder Höhenstufe analog zum präsentierten Verfahren in Kap. 6.1 berechnet. Im zweiten Schritt wird daraus die mittlere Wellenlänge und die mittlere Amplitude über alle Höhen im jeweiligen Höhenabschnitt für den jeweiligen Wellenlängenbereich von Welle 1, Welle 2 und Welle 3 ermittelt.

Welle 3   Welle 3 ist im ersten Zeitabschnitt nicht zu erkennen, kann aber im zweiten Zeitabschnitt identifiziert werden. Analog zu den zuvor gezeigten Wellen ergibt sich eine Phasengeschwindigkeit von $c_W = (6.8 \pm 2.7)$ m/s und eine Wellenlänge von $\lambda_W = (0.5 \pm 0)$ km, wenn sich die Welle in Richtung des horizontalen Windfeldes verlagert. Mit einem Horizontalwind von (6.3 ± 1.3) m/s und einer Brunt-Väisälä-Frequenz von 17.1×10^{-3} s^{-1} ergibt sich eine zu erwartende Phasengeschwindigkeit von ca. 7.5 m/s in Richtung des Horizontalwindes und ca. 5 m/s entgegen der Windrichtung. Damit liegt die Verlagerungsgeschwindigkeit der Welle 3 im Bereich der zu erwartenden Phasengeschwindigkeit.

Interessant ist, dass Welle 3 die höchsten Amplituden aufweist (Abb. 6.9), wenn die Verlagerungsgeschwindigkeit im Höhenabschnitt dieser Welle näherungsweise der mittleren Windgeschwindigkeit entspricht (Abb. 6.6). Diese Beziehung zusammen mit den synchronen Änderungen der Wellenlänge und der Amplitude von Welle 1 und Welle 2 (Abb. 6.9) führt zu folgenden Schlussfolgerung: Welle 1 und Welle 3 werden innerhalb ausgeprägter Scherungen erzeugt und breiten sich näherungsweise in Richtung des mittleren Horizontalwinds im jeweiligen Höhenabschnitt aus. Welle 2 hingegen wird von Welle 1 getriggert.

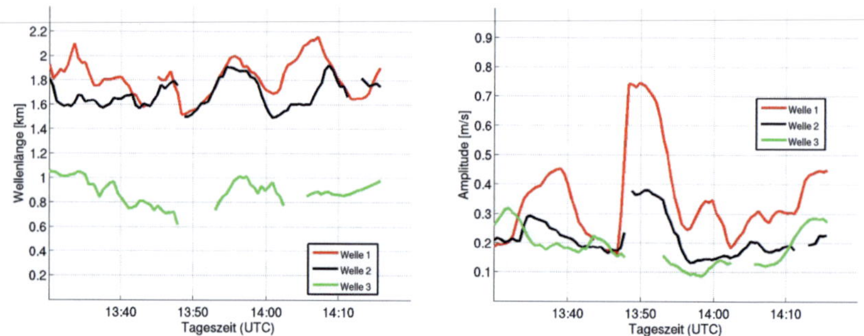

Abbildung 6.9: Zeitreihen der Wellenlänge und Amplitude dreier ausgewählter periodischer Fluktuationen der residualen Geschwindigkeit (siehe Text)

6.2.3   Kelvin-Helmholtz-Instabilitäten

Der starke Anstieg der Amplitude der Welle 1 und der Welle 2 zusammen mit einer abnehmenden Wellenlänge direkt vor 13:50 UTC (Abb. 6.9) deutet auf eine sich aufsteilende Welle hin, die nachfolgend bricht (wieder abnehmende Amplitude). Dies würde für eine Kelvin-Helmholtz-Instabilität sprechen.

Ist die Scherung der Windgeschwindigkeit groß und gleichzeitig die Brunt-Väisälä-Frequenz niedrig, können im stabilen Fall aufgrund der Geschwindigkeitsscherung Kelvin-Helmholtz-Instabilitäten auftreten und die internen Schwerewellen brechen. Ein Maß dafür, ab wann Kelvin-Helmholtz-Wellen auftreten können, ist die Richardson-Zahl:

$$\mathrm{Ri} = \frac{N^2}{\left(\dfrac{\partial u_m}{\partial z}\right)^2} \tag{6.12}$$

Für $\mathrm{Ri} < 1/4$ (Houze, 1993) kann eine stabil geschichtete Scherströmung instabil werden, die Turbulenz wird verstärkt und die Kelvin-Helmholtz-Instabilität entsteht. Für $\mathrm{Ri} > 1/4$ tritt dagegen Turbulenzabschwächung auf. Für den 08.01.2010 wird die Richardson-Zahl mit der oben beschriebenen, aus einer Radiosondenmessung berechneten, Brunt-Väisälä-Frequenz (Gl. 6.7, Abb. 6.2) und mit dem vertikalen Gradienten des mittleren Horizontalwinds aus Messungen des Wolkenradars (Abb. 6.3) abgeleitet. Die berechnete Richardson-Zahl in Abhängigkeit

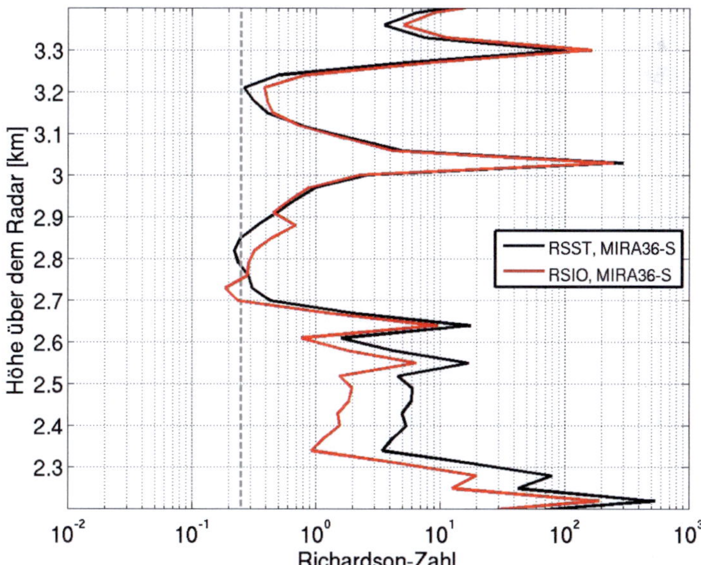

Abbildung 6.10: Richardson-Zahlen auf Basis der Brunt-Väisälä-Frequenz für trockene Luft aus Messungen der in Stuttgart/Schnarrenberg (schwarz) und Idar-Oberstein (rot) gestarteten Radiosonden um 12:00 UTC und der Geschwindigkeiten des mittleren Horizontalwinds aus Messungen des Wolkenradars MIRA36-S um 14:18 UTC.

von der Höhe ist in Abb. 6.10 dargestellt. Nach der Theorie liegt die wichtige Grenze der Richardson-Zahl für Turbulenzverstärkung, bzw. -abschwächung bei 1/4. Die Basis der Berechnung der Richardsonzahl bilden zum einen Profile der Temperatur und des Drucks eines einzelnen Radiosondenaufstiegs. Diese Werte unterliegen allerdings großen Schwankungen, sind abhängig von Messungenauigkeiten und fließen quadratisch in die Berechnung der Richardson-Zahl ein. Gleiches gilt für den Beitrag aus dem vertikalen Gradienten der mittleren Horizontalgeschwindigkeit. Wird alleine die Brunt-Väisälä-Frequenz minimal um Werte, die sich innerhalb ihrer Standardabweichung befinden, verändert, hat dies einen großen Einfluss auf die Werte der Richardson-Zahl. Ein Beispiel: Ist der Gradient der Horizontalgeschwindigkeit in einem Höhenabschnitt 2.1 m/s $/100$ m und die Brunt-Väisälä-Frequenz im einen Fall $10 \times 10^{-3}\,\mathrm{s}^{-1}$ und im anderen $15 \times 10^{-3}\,\mathrm{s}^{-1}$, dann ist ist die Richardson-Zahl im ersten Fall 0.23 (Turbulenzverstärkung) und im zweiten Fall bei 0.51 (Turbulenzabschwächung). Dies ist bei der Interpretation der Richardson-Zahl zu berücksichtigen. So bleibt anhand der Abb. 6.10 festzustellen, dass Werte, die im Bereich der Grenze zwischen Turbulenzabschwächung und -verstärkung liegen, in Höhen von 2.7 km bis 2.9 km, sowie in 3.2 km auftreten. D.h., dass im oberen Bereich der Welle 1, zwischen 2.7 km und 2.9 km eine Turbulenzverstärkung auftritt. Diese ist allerdings nur schwach ausgeprägt. Somit kann ein Aufsteilen der Welle 1 in Kombination mit Welle 2 und ein anschließendes Überschlagen der Welle und demzufolge eine Kelvin-Helmholtz-Instabilität nicht ausgeschlossen werden.

Zusammenfassend ergeben sich für den 08.01.2010 für den Zeitraum von 13:30 UTC-14:17 UTC folgende Schlussfolgerungen mit den in diesem Kapitel gezeigten Verfahren zur Detektion von Wellen und der Abschätzung ihrer Wellenlänge und Phasengeschwindigkeit:

- Eine ausgeprägte horizontal ausgerichtete Welle ist anhand von Periodizitäten der residualen Geschwindigkeit in einer Höhe zwischen 2.5 km und 2.8 km zu erkennen. Diese Welle beeinflusst darüberliegende Bereiche dahingehend, dass sich Periodizitäten in den residualen Geschwindigkeiten zeitweise unabhängig der horizontalen Windrichtung in näherungsweise die gleiche Richtung bewegen wie die Welle in 2.5 km bis 2.8 km. In Verbindung mit Richardson-Zahlen, die auf eine Turbulenzverstärkung in 2.7 km bis 2.9 km schließen lassen, liegt die Vermutung nahe, dass es sich hierbei um Kelvin-Helmholtz-Wogen handelt.

- Eine Welle kürzerer Wellenlänge (ca. 0.9 km) ist in einem Höhenabschnitt zwischen 3.15 km und 3.35 km zeitweise zu erkennen. Während dieses Zeitraums ist der Einfluss der Welle in 2.5 km bis 2.8 km auf die darüber liegenden Schichten deutlich reduziert und die Richtung in die sich die Periodizitäten in den residualen Geschwindigkeiten bewegen entspricht annähernd der Windrichtung (relativ zur Scanrichtung).

7 Zusammenfassung und Ausblick

Die Besonderheit des scannenden Wolkenradars MIRA36-S, in gewissen Grenzen den Azimut und die Elevation der Antenne zu variieren, wird genutzt, um u.a. dynamische Prozesse in Wolken zu detektieren und zu analysieren. Dafür werden RHI-Scans verwendet, die räumlich zweidimensionale Daten liefern. Durch eine schnelle Abfolge von RHI-Scans wird der Gewinn an Informationen über besondere Strukturen in Wolken erhöht, beispielsweise sichtbar in der Reflektivität und deren Entwicklung. Mit den durchgeführten zweidimensionalen Messungen werden neuartige Mess- und Auswertungsstrategien entwickelt. Im Zuge dessen wird zum einen für Wolken, die Niederschlag produzieren, ein automatischer Algorithmus zur Detektion der Schmelzschicht entwickelt. Damit können beispielsweise Messbereiche, die von Eispartikeln bestimmt werden, von rein flüssigem Niederschlag (Regen) separiert werden. Zum anderen werden Verfahren entwickelt, dynamische Prozesse in Wolken und deren Entwicklung zu untersuchen.

Die Detektion der Schmelzschicht wird durch ein neuartiges, automatisiertes Verfahren ermöglicht. Für dieses Verfahren wird die Schmelzschichthöhe aus Profilen dreier Größen bestimmt, die aus Messungen abgeleitet werden, der Reflektivität ζ, des linearen Depolarisationsverhältnisses L und der Vertikalgeschwindigkeit w_m. Eine Stärke des Verfahrens ist es, nicht nur die Höhe, sondern auch die Oberkante und die Unterkante der Schmelzschicht zuverlässig zu bestimmen. Dadurch wird die getrennte Betrachtung von drei Höhenabschnitten realisiert: Ein oberer Abschnitt, in dem Eiskristalle und Eispartikel vorliegen und in dem oft die Produktion von Niederschlag beginnt, ein mittlerer Abschnitt, in dem Eispartikel schmelzen und ein unterer Abschnitt, in dem rein flüssige Hydrometeore (Tropfen) vorliegen. Die statistische Untersuchung dieser Bereiche führt zu folgenden Ergebnissen:

- Die Median-Profile zeigen oberhalb der Schmelzschicht eine Zunahme der Partikelgröße von oben nach unten (nahezu linearer Anstieg der Reflektivität und der Sedimentationsgeschwindigkeit der Streuer).

- Die mittleren Partikelgrößen im Streuvolumen knapp oberhalb der Schmelzschicht, die für Schmelzschichtdicken von mehr als etwa 350 m verantwortlich sind, liegen bei $D \gtrsim$ 3 mm.

- Die Schmelzdauer eines Ensembles von Eispartikel ist für Schmelzschichtdicken zwischen 200 m und 500 m konstant und beträgt etwa 150 s, unabhängig vom Durchmesser der Eispartikel direkt oberhalb der Schmelzschicht.

Weiterhin wurde gezeigt, dass alle drei Größen notwendig sind, die Schmelzschichtdicke bzw. die -oberkante und -unterkante zuverlässig zu bestimmen. So konnte der Einfluss des Schmelzvorgangs auf die drei Größen durch die außergewöhnlich hohe räumliche Auflösung gezeigt werden. Zu Beginn des Schmelzprozesses reagieren die Werte der Reflektivität und der Sedimentationsgeschwindigkeit mit einem klar erkennbaren Anstieg. Erst wenn die Hydrometeore weitere 40 m gefallen sind, ist auch im Profil des LDR ein Anstieg der Werte zu erkennen. Zum Ende des Schmelzvorgangs hingegen ist zuerst im Profil der Reflektivität und nach weiteren 50 m in den Profilen des LDR und der Sedimentationsgeschwindigkeit die Unterkante der Schmelzschicht erkennbar.

Mit der Unterscheidung der gezeigten Höhenabschnitte ist die Basis für die Untersuchung dynamischer Prozesse oberhalb der Schmelzschicht geschaffen. Dynamische Abläufe innerhalb einer Wolke, bzw. eines Mischbereichs aus Wolkenpartikeln und Niederschlagspartikeln, sind anhand der radialen Geschwindigkeiten nicht direkt erkennbar. Deshalb wurde eine neue Größe eingeführt, die residuale Geschwindigkeit. Mit ihrer Hilfe ist es möglich, Feinstrukturen der radialen Geschwindigkeit aufzulösen. Eine Funktion, die den mittleren Horizontalwind und die mittlere Vertikalgeschwindigkeit, sowie deren Trend in einer festen Höhe berücksichtigt, wird an die gemessenen radialen Geschwindigkeiten in einer festen Höhe mit der Methode der kleinsten Quadrate gefittet. Damit werden Profile der mittleren horizontalen Windgeschwindigkeit und der mittleren Vertikalgeschwindigkeit abgeschätzt. Aus diesen Profilen kann das großräumige mittlere Windfeld berechnet und von den radialen Geschwindigkeiten abgezogen werden. Als Ergebnis erhält man die residualen Geschwindigkeiten.

Die Erfahrung mit dieser neuen Größe hat gezeigt, dass die residualen Geschwindigkeiten meist vertikale Umlagerungen der Streuer anzeigen. Dadurch können erstmals gemessene kleinräumige Fluktuation der radialen Geschwindigkeiten räumlich hoch aufgelöst in kurzem zeitlichen Abstand von 30 s gezeigt werden. Diese Fluktuationen können meist entweder Auf-, und Abwindbereichen oder verschiedenen Größen von Streuern zugeordnet werden. Für diese Unterscheidung ist die kombinierte Betrachtung der residualen Geschwindigkeiten mit der mittleren Vertikalgeschwindigkeit der Streuer und der Reflektivität entscheidend.

Anhand einzelner Messtage konnte gezeigt werden, dass die residualen Geschwindigkeiten wertvolle zusätzliche Informationen über die Dynamik in Wolken liefern. Beispielsweise lässt sich anhand der residualen Geschwindigkeiten die Entwicklung eines Bereichs erhöhter Reflektivität in einer Wolke abschätzen. Wird ein Aufwind, Konvektion, vorderseitig des Bereichs erhöhter Reflektivitäten in Bewegungsrichtung detektiert, ist in manchen Fällen mit einer Verstärkung von einem RHI-Scan zum nächsten zu rechnen. Wird ein starker Abwind vorderseitig detektiert, ist in manchen Fällen mit einer Abschwächung des Reflektivitätsbereichs zu rechnen. Ein Aufwindbereich kann einerseits detektiert werden, wenn sich die gemessenen Streuer nach oben bewegen. In diesem Fall ist eine positive residuale Geschwindigkeiten zu erkennen, die die mittlere Sedimentationsgeschwindigkeit in der zugehörigen Höhe übertrifft. Andererseits ist eine Detektion auch möglich, wenn die Streuer im Fallen durch den Aufwind abgebremst werden. Dies ist deutlich schwieriger, da aus einer Kombination von Messgrößen abgewogen werden muss, ob es sich um einen Aufwind handelt. Sind Bereiche positiver Residualgeschwindigkeit kleiner als die Sedimentationsgeschwindigkeit können Aufwindbereiche detektiert werden, wenn die Reflektivitäten im Bereich positiver residualer Geschwindigkeiten denen links und rechts davon entsprechen. Dies ist der Fall, wenn die Aufwindgeschwindigkeit nicht ausreicht, der Sedimentationsgeschwindigkeit der Streuer entgegen zu wirken und die Streuer dadurch lediglich im Fallen abbremst, dabei aber Luft nach oben transportiert wird. In diesem Zusammenhang wurde gezeigt, dass die Erhöhung der Reflektivität in Zusammenhang mit größeren Partikeln steht, die verstärkt ausfallen und zu einer größeren Schmelzschichtdicke und einer Erhöhung des Niederschlags beitragen.

Neben der Analyse räumlich begrenzter Strukturen erhöhter Reflektivität, die durch das Messgebiet transportiert werden, werden mit Hilfe der residualen Geschwindigkeiten auch Untersuchungen von horizontal ausgerichteten internen Schwerewellen ermöglicht. Ist der Bereich, in dem Wellen vermutet werden, bekannt, beispielsweise anhand einer periodischen Abfolge wechselnder Vorzeichen der residualen Geschwindigkeit in einer festen Höhe, wird die Wellenlänge in Scanrichtung aus den Fouriertransformierten residualen Geschwindigkeiten in einer festen Höhe berechnet. Mit Hilfe der Kreuzkorrelation der residualen Geschwindigkeiten in einer festen Höhe wird die Verlagerungsgeschwindigkeit der Welle in Scanrichtung ermittelt. Der Vergleich der Verlagerungsgeschwindigkeit mit der horizontalen Windgeschwindigkeit in Scanrichtung liefert die Ausbreitungsgeschwindigkeit der Welle in Scanrichtung. Anhand des Vorzeichens kann unterschieden werden ob sich die Welle in bestimmten Höhenbereichen in Richtung oder entgegen der Richtung des horizontalen Windes in Scanrichtung ausbreitet.

Ein Ergebnis dieser Untersuchung ist, dass Wellen unterhalb der durch Scherung induzierten Inversionsschicht zeitweise Wellen oberhalb auslösen können. Die Wellen oberhalb der Inversion breiten sich dadurch zeitweise entgegen der Windrichtung aus. Durch die schnelle Abfolge von RHI-Scans kann der zeitliche Verlauf der Wellenlängenänderung sowie der damit verbundenen Amplitude der residualen Geschwindigkeiten verfolgt werden. Dadurch wurde ein Zusammenhang des Verhaltens der Wellenlängen der Welle oberhalb mit jener unterhalb der Inversion festgestellt. Das heißt, dass zeitweise die untere Welle den Bereich oberhalb der Inversion beeinflusst. Ob es sich in einem solchen Fall um Kelvin-Helmholtz-Instabilitäten handelt, wird mit Hilfe der Richardson-Zahl überprüft, die ein Maß für die Turbulenzzunahme, oder -abnahme in der Atmosphäre ist. Das Ergebnis zeigt in diesem Zusammenhang Werte der Richardson-Zahl in Höhen, in denen Wellen auftreten, die ein Vorhandensein von Kelvin-Helmholtz-Instabilitäten nahelegen.

Die Untersuchung sowohl dynamischer als auch physikalische Prozesse in Wolken und deren Entwicklung werden Dank der gezeigten Verfahren mit einem einzigen Scanmuster ermöglicht: mit schnell durchgeführten RHI-Scans. Dies erlaubt die direkte Bestimmung der Schmelzschichtgrenzen, sowie dynamischer Verlagerungen von kleinräumigen Wolkenbereichen im operationellen Betrieb. Zudem lässt sich die räumliche Entwicklung dynamischer Strukturen in einem kurzen zeitlichen Abstand von 30 s ableiten. Die Veränderung von lokalen konvektiven Bereichen oder horizontalen Wellen in Wolken können dann mit Hilfe der in dieser Arbeit definierten residualen Geschwindigkeiten analysiert werden.

Die residuale Geschwindigkeit ist eine neue Größe, die enormes Potential hat, dynamische Prozesse in Wolken zu verstehen. Ein interessanter Aspekt für zukünftige Untersuchungen ist, wie sich Muster in den residualen Geschwindigkeiten relativ zum Horizontalwind und der Sedimentationsgeschwindigkeit der Streuer fortbewegen. Dies könnte mit Hilfe angepasster Tracking-Algorithmen (COTREC, Li et al., 1995) untersucht werden. Im Zuge dessen sind die residualen Geschwindigkeiten auch auf Doppler-Messungen weiterer Messinstrumente, beispielsweise eines Lidars, anwendbar. Damit würden zusätzliche parallele Messungen (schnelle RHI-Scans) eines Wolkenradars mit einem Lidar die Visualisierung und Entwicklung von Auf-, Abwindbereichen in der Troposphäre vervollständigen und Aufschlüsse geben, beispielsweise über die Einmischung von Umgebungsluft in Wolken (Entrainment) oder den konvektiven Transport von feuchtwarmen Luftmassen in die Höhe, die zur Entwicklung von Cumulus-Wolken führen.

A Minimierung der Kostenfunktion

Die Minimierung der Kostenfunktion (Gl. 5.8) in Kap. 5.1 erfolgt nach dem Prinzip der kleinsten Quadrate. Die detaillierte Vorgehensweise wird im Folgenden beschrieben.

Einsetzten von Gl. 5.6 in Gl. 5.8 liefert:

$$J(z) = \sum_{i=1}^{n} (v(x_i, z) - (a\,f_1 + b\,f_2 + c\,f_3))^2 \tag{1.1}$$

mit den Substitutionen

$$f_1 = \sin(\epsilon_Z(x_i, z)) \qquad f_2 = \cos(\epsilon_Z(x_i, z)) \qquad f_3 = \frac{1}{\cos(\epsilon_Z(x_i, z))}$$

$$a = u_m(z) + \frac{\partial w}{\partial x}(z)\,z \qquad b = w_m(z) - \frac{\partial u}{\partial x}(z)\,z \qquad c = \frac{\partial u}{\partial x}(z)\,z \tag{1.2}$$

Zur Berechnung der unbekannten Größen a, b, c wird das Minimum der Kostenfunktion abhängig von den gesuchten Größen berechnet. Dazu werden die Ableitungen $\partial J/\partial a$, $\partial J/\partial b$ und $\partial J/\partial b$ gleich Null gesetzt:

$$\frac{\partial J}{\partial a} = 2 \sum_{i=1}^{n} (v(x_i, z) - (a\,f_1 + b\,f_2 + c\,f_3))(-f_1) \overset{!}{=} 0$$

$$\frac{\partial J}{\partial b} = 2 \sum_{i=1}^{n} (v(x_i, z) - (a\,f_1 + b\,f_2 + c\,f_3))(-f_2) \overset{!}{=} 0 \tag{1.3}$$

$$\frac{\partial J}{\partial c} = 2 \sum_{i=1}^{n} (v(x_i, z) - (a\,f_1 + b\,f_2 + c\,f_3))(-f_3) \overset{!}{=} 0$$

Daraus folgt nach Umformungen

$$\begin{pmatrix} \sum_{i=1}^{n} f_1^2 & \sum_{i=1}^{n} f_1 f_2 & \sum_{i=1}^{n} f_1 f_3 \\ \sum_{i=1}^{n} f_2 f_1 & \sum_{i=1}^{n} f_2^2 & \sum_{i=1}^{n} f_2 f_3 \\ \sum_{i=1}^{n} f_3 f_1 & \sum_{i=1}^{n} f_3 f_2 & \sum_{i=1}^{n} f_3^2 \end{pmatrix} \begin{pmatrix} a \\ b \\ c \end{pmatrix} = \begin{pmatrix} \sum_{i=1}^{n} v(x_i, z) f_1 \\ \sum_{i=1}^{n} v(x_i, z) f_2 \\ \sum_{i=1}^{n} v(x_i, z) f_3 \end{pmatrix} \tag{1.4}$$

und entspricht in Vektorschreibweise

$$\mathbf{A}\vec{x} = \vec{b} \tag{1.5}$$

Für $\vec{x} = (a, b, c)$ ergibt sich

$$\vec{x} = \mathbf{A}^{-1}\vec{b} \tag{1.6}$$

falls $\mathbf{A}$ invertierbar ist. Für $\det \mathbf{A} \neq 0$ ist die quadratische $(3, 3)$-Matrix invertierbar und die Lösung eindeutig bestimmbar:

$$x_i = \frac{\det \mathbf{A}_i}{\det \mathbf{A}} \tag{1.7}$$

Für $\mathbf{A}_i$ wird die i-te Spalte von $\mathbf{A}$ durch den Vektor $\vec{b}$ ersetzt.

B Symbolverzeichnis

a	[m]	Kugelradius
a_n	[m/s]	Koeffizienten der Fourierreihenentwicklung von $v_{r,S}(\alpha)$
A	[m/s]	Amplitude der residualen Geschwindigkeit interner Schwerewellen
b	[m]	Halbe Dicke der Schmelzschicht
b_n	[m/s]	Koeffizienten der Fourierreihenentwicklung von $v_{r,S}(\alpha)$
B	[m]	Dicke der Schmelzschicht
B_R	[Hz]	Empfängerbandbreite
c	[m/s]	Vakuum-Lichtgeschwindigkeit
c_p	[J/(kg K)]	spezifische Wärmekapazität bei konstantem Druck
c_W	[m/s]	horizontale Phasengeschwindigkeit einer internen Schwerewelle
C	[W/m]	Radarkonstante
D	[m]	Durchmesser
$\vec{e}_r$		Einheitsvektor in radialer Richtung
f	[Hz]	Frequenz des gesendeten Radarsignals
f_D	[Hz]	Doppler-Frequenz
f_m	[Hz]	Diskrete Frequenzen des Leistungsspektrums P_k
f_P	[Hz]	Pulswiederholfrequenz
F		Funktion des mexican hat
F_R	[dB]	Rauschzahl des Empfängers
G		Antennengewinn
J	[(m/s)^2]	Kostenfunktion
$\vec{k}$		Einheitsvektor in z-Richtung
k	[m^{-1}]	Wellenzahl
k_B	[J/K]	Boltzmann-Konstante
$\mid K \mid^2$		Dielektrizitätsfaktor von Wasser oder Eis
L	[dB]	Lineares Depolarisationsverhältnis (LDR)

L_v	[dB]	Leistungsverluste
m		komplexer Brechungsindex
M	[g/m^3]	Flüssigwassergehalt
M_k		Maximale Anzahl der mit Daten besetzten Gitterpunkte in einer festen Höhe
n		Nyquistzahl (gerundete Faltungszahl)
n_j		Index in x-Richtung, zentriert im Zenit eines RHI-Scans
$\hat{n}$		Faltungszahl
n_{FFT}		FFT-Länge (Anzahl der Pulszyklen, die in die FFT einfließen)
n_S		Anzahl der Spektren (FFTs), über die gemittelt wird
N	[s^{-1}]	Brunt-Väisälä-Frequenz für trockene Luft
$N_P(D)$		Größenverteilung der Streupartikel in einem Messvolumenausschnitt
p	[hPa]	Luftdruck
P_k	[V/s]	Leistungsspektrum
P_R	[W]	mittlere empfangene Leistung
P_T	[W]	Mittlere Sendeleistung
P_N	[W]	Rauschleistung des Empfängers
R	[m]	radiale Entfernung zum Radar
Ri		Richardson-Zahl
R_L	[J/(kg K)]	spezifische Gaskonstante für trockene Luft
s_τ	[m]	Pulslänge
S		Schmelzschichtindex
S^*	[m/s^2]	spektrale Signalstärke
S_k	[V/m]	komplexes Eingangssignal
S_ζ		Schmelzschichtindex für ζ
S_L		Schmelzschichtindex für L
S_w		Schmelzschichtindex für w_m
SNR		Signal-Rausch-Verhältnis

t [s]   Zeit

t_m [s]   Schmelzdauer eines Ensembles von fallenden Eisteilchen

t_M [s]   Mittelungszeit über $n_{\mathrm{FFT}} \times n_S$ Pulse

t_P [s]   Pulswiederholdauer

T [K]   Temperatur

T_f [°C]   Feuchttemperatur

T_0 [K]   Referenztemperatur zur Bestimmung der Rauschzahl

T_N [K]   Rauschtemperatur des Empfängers

u [m/s]   Horizontale Komponente der Geschwindigkeit der Streuer in x-Richtung

u_b [m/s]   Horizontaler Hintergrundwind in Richtung des RHI-Scans

u_m [m/s]   aus v_r abgeleitete (RHI-Scans) mittlere horizontale Komponente der Geschwindigkeit der Streuer

$u_{C,R}$ [m/s]   Kombinierter horizontaler Hintergrundwind aus Radiosonden- und C-Band-Radar-Messungen

$\tilde{u}$ [m/s]   lokale Horizontalgeschwindigkeit

v [m/s]   Horizontale Komponente der Geschwindigkeit der Streuer in y-Richtung

v_b [m/s]   Hintergrund-Windfeld

v_N [m/s]   Nyquist-Geschwindigkeit

v_r [m/s]   entfaltete Radialkomponente der Geschwindigkeit der Streuer

$v_{r,S}$ [m/s]   gemessene Radialkomponente der Geschwindigkeit der Streuer

v_{Res} [m/s]   residuale Geschwindigkeit

$\hat{v}_{\mathrm{Res}}$ [m/s]   Fouriertransformierte der residualen Geschwindigkeit

$\vec{v}_S$ [m/s]   Dreidimensionale Geschwindigkeit der Streuer

$\vec{v}_W$ [m/s]   Dreidimensionale Windgeschwindigkeit

v^* [m/s]   Radialkomponente des großskaligen Windfeldes

w [m/s]   Vertikale Komponente der Geschwindigkeit der Streuer

w_b [m/s]   Vertikale Hintergrund-Streuergeschwindigkeit

w_m	[m/s]	aus v_r abgeleitete (RHI-Scans) mittlere vertikale Komponente der Geschwindigkeit der Streuer
w_P	[m/s]	Sedimentationsgeschwindigkeit relativ zur Vertikalbewegung der Luft
w^*		Hamming-Fenster
$\tilde{w}$	[m/s]	lokale Vertikalgeschwindigkeit
z_b	[m]	Untergrenze der Schmelzschicht
z_p	[m]	Höhe der Schmelzschicht im Maximum von S
z_t	[m]	Obergrenze der Schmelzschicht
Z	[mm^6/m^3]	Radarreflektivitätsfaktor
α	[°]	Azimut der Radarantenne
$\alpha_{C,R}$	[°]	Kombinierte horizontale Windrichtung aus Radiosonden- und C-Band-Radar-Messungen
α_R		Radioelektrische Größe
α_W	[°]	Ausbreitungsrichtung einer internen Schwerewelle
β		Korrekturfaktor für die Trägheit von Streukörpern
ΔV	[m^3]	Volumenauschnitt des Radarstrahls (Range Gate)
ϵ	[°]	Elevation der Radarantenne
ϵ_Z	[°]	Zenitwinkel der Radarantenne
ζ	[dB$_Z$]	logarithmierter Radarreflektivitätsfaktor
η	[1/m]	Radarreflektivität
θ	[K]	Potentielle Temperatur trockener Luft
θ_a	[°]	Antennenöffnungswinkel
λ	[m]	Radarwellenlänge
λ_W	[m]	Wellenlänge einer internen Schwerewelle
ρ	[g/m^3]	Dichte
$\varrho_{F,S}$		Korrelationskoeffizient der Korrelation zwischen F und S
σ	[m^2]	Rückstreuquerschnitt eines Einzelstreuers
σ_a	[m^2]	Absorptionsquerschnitt

σ_V [m/s]   Standardabweichung der Streuergeschwindigkeiten

φ_r Phase zweier aufeinanderfolgender Pulse

τ [s]   Pulsdauer

τ_D [s]   Dekorrelationszeit

ω_α [°/s]   azimutale Scangeschwindigkeit

ω_{ϵ_Z} [°/s]   zenitale Scangeschwindigkeit

Literatur

Ackerman, T. P. und G. Stokes, 2003: The Atmospheric Radiation Measurement Program. *Phys. Today*, **56**, 38–45.

Austin, P. M. und A. C. Bemis, 1950: A Quantitative Study of the "Bright Band" in Radar Precipitation Echoes. *J. Atmos. Sci.*, **7**, 145–151.

Battan, L., (Ed.) , 1973: *Radar Observation of the Atmosphere*. The University of Chicago Press.

Beheng, K. D., 1998: Grundlagen der Wolkenmikrophysik und der Dynamik von Wolken und Fronten. *Herbstschule Radarmeteorologie*, Ann. Met. 38, Deutscher Wetterdienst, 7–24.

Blahak, U., 2005: Analyse des Extinktionseffektes bei Niederschlagsmessungen mit einem C-Band-Radar anhand von Simulationen und Messungen. Dissertation, Universität Karlsruhe.

Bringi, V. und V. Chandrasekar, 2005: *Polarimetric Doppler Weather Radar*. Cambridge University Press.

Bronstein, I., K. Semendjajew, G. Musiol, und H. Mühlig, 2008: *Taschenhandbuch der Mathematik*. Verlag Harri Deutsch.

Browning, K. A. und R. Wexler, 1968: A Determination of Kinematic Properties of a Wind Field Using Doppler Radar. *J. Appl. Meteor.*, **7**, 105 – 113.

Carbone, R. E., J. D. Tuttle, D. A. Ahijevych, und S. B. Trier, 2002: Inferences of Predictability Associated with Warm Season Precipitation Episodes. *J. Atmos. Sci.*, **59**, 2033 – 2056.

Clothiaux, E. E., M. A. Miller, B. A. Albrecht, T. P. Ackerman, J. Verlinde, D. M. Babb, R. M. Peters, und W. J. Syrett, 1995: An evaluation of a 94-GHz radar for remote sensing of cloud properties. *J. Atmos. Oceanic Technol.*, **12**, 201–228.

Damiani, R., G. Vali, und S. Haimov, 2006: The structure of thermals in cumulus from airborne dual-Doppler radar observations . *J. Atmos. Sci.*, **63**, 1432 – 1450.

Dotzek, N., 1999: Mesoskalige numerische Simulation von Wolken- und Niederschlagsprozessen über strukturiertem Gelände. Dissertation, Universität Karlsruhe.

Doviac, R. J. und D. S. Zrnic, 1984: *Doppler Radar and Weather Observation*. Academic Press.

Evans, A. G., J. D. Locatelli, M. T. Stoelinga, und P. V. Hobbs, 2005: The IMPROVE-1 storm of 1–2 February 2001. Part II: Cloud structures and the formation of precipitation. *J. Atmos. Sci.*, **62**, 3456 – 3473.

Fabry, F. und I. Zawadzki, 1995: Long-Term Radar Observations of the Melting Layer of Precipitation and Their Interpretation. *J. Atmos. Sci.*, **52**, 838 – 851.

Frisch, A., C. Fairall, und J. Gibson, 1995: Doppler radar measurements of turbulence in marine stratiform cloud during ASTEX. *J. Atmos. Sci.*, **52**, 2800 – 2808.

Geerts, B., R. Damiani, und S. Haimov, 2006: Fine-scale vertical structure of a cold front as revealed by airborne radar. *Mon. Weather Rev.*, **134**, 251 – 272.

Giangrande, S. E., J. M. Krause, und A. V. Ryzhkov, 2008: Automatic Designation of the Melting Layer with a Polarimetric Prototype of the WSR-88D Radar. *J. Appl. Meteor. Climatol.*, **47**, 1354 – 1364.

Grenzhäuser, J. und J. Handwerker, 2010: Residual velocities and wind profiles in clouds as measured by a scanning 35.5GHz cloud radar. *Proceedings of the Sixth European Conference on Radar in Meteorology and Hydrology. 6-10 September 2010*, Sibiu, Romania.

Gunn, K. L. und T. East, 1954: The microwave properties of precipitation particles. *Q. J. R. Meteorol. Soc.*, **80**, 522 – 545.

Gysi, H., R. Hannesen, und K. D. Beheng, 1997: A method for bright-band correction in horizontal rain intensity distributions. *Proceedings of the 28th Radar Conference. 7-12 September 1997*, AMS, Austin, USA, 214 – 215.

Hallett, J. und S. C. Mossop, 1974: Production of secondary ice particles during the riming process. *Nature*, **249**, 26–28.

Handwerker, J. und U. Görsdorf, 2006: A Comparison of Vertical Cloud Radar Profiles with RHI Scans. *Atmospheric Profiles in Research and Operations, COST 720. 15-18 May 2006*, Toulouse, France.

Handwerker, J. und A. Miller, 2008: Intercomparison of measurements obtained by vertically pointing collocated 95 GHz and 35.5 GHz radars. *Proceedings of the Fifth European Conference on Radar in Meteorology and Hydrology. 26-30 May, 2008*, Helsinki, Finland.

Handwerker, J., K. Träumner, J. Grenzhäuser, und A. Wieser, 2008: Simultaneous wind measurements with lidar and cloud radar - complementarity and quality check. *Proceedings of the Fifth European Conference on Radar in Meteorology and Hydrology. 26-30 May 2008*, Helsinki, Finland.

Hannesen, R., 1998: Analyse konvektiver Niederschlagssysteme mit einem C-Band Dopplerradar in orographisch gegliedertem Gelände. Dissertation, Universität Karlsruhe.

Hennington, L., 1981: Reducing the effects of Doppler radar ambiguities. *J. Appl. Meteor.*, **20**, 1543–1546.

Hogan, R. J. und E. J. O'Connor, 2004: Facilitating cloud radar and lidar algorithms: The cloud-net instrument synergy/target categorization product. cloudnet documentation. *Available on-line at www.cloud-net.org/data/products/categorize.html.*

Houze, R. A., 1993: *Cloud Dynamics.* Academic Press.

Illingworth, A. J., R. J. Hogan, E. J. O'Connor, D. Bouniol, J. Delanoë, J. Pelon, A. Protat, M. E. Brooks, N. Gaussiat, D. R. Wilson, D. P. Donovan, H. K. Baltink, G.-J. van Zadelhoff, J. D. Eastment, J. W. F. Goddard, C. L. Wrench, M. Haeffelin, O. A. Krasnov, H. W. J. Russchenberg, J.-M. Piriou, F. Vinit, A. Seifert, A. M. Tompkins, und U. Willén, 2007: Cloudnet - Continuous evaluation of cloud profiles in seven operational models using ground-based observations. *Bull. Amer. Meteor. Soc.*, **88**, 883 – 898.

Kollias, P. und B. Albrecht, 2000: The turbulent structure in a continental stratocumulus cloud from millimeter wavelength radar observations. *J. Atmos. Sci.*, **57**, 2417 – 2434.

Kollias, P., B. Albrecht, R. Lhermitte, und A. Savtchenko, 2001: Radar observations of updrafts, downdrafts, and turbulence in fair weather cumuli. *J. Atmos. Sci.*, **58**, 1750 – 1766.

Kottmeier, C., N. Kalthoff, C. Barthlott, U. Corsmeier, J. van Baelen, A. Behrendt, R. Behrendt, A. Blyth, R. Coulter, S. Crewell, P. di Girolamo, M. Dorninger, C. Flamant, T. Foken, M. Hagen, C. Hauck, H. Höller, H. Konow, M. Kunz, H. Mahlke, S. Mobbs, E. Richard, R. Steinacker, T. Weckwerth, A. Wieser, und V. Wulfmeyer, 2008: Mechanisms initiating deep convection over complex terrain during COPS . *Meteorol. Z.*, **17**, 931–948.

Leuenberger, D. und A. Rossa, 2007: Revisiting the latent heat nudging scheme for the rainfall assimilation of a simulated convective storm. *Meteorol. Atmos. Phys.*, **98**, 195 – 215.

Li, L., W. Schmid, und J. Joss, 1995: Nowcasting of motion and growth of precipitation with radar over a complex orography. *J. Appl. Meteor.*, **34**, 1286 – 1300.

Matrosov, S. M., K. A. Clark, und D. E. Kingsmill, 2007: A Polarimetric Radar Approach to Identify Rain, Melting-Layer, and Snow Regions for Applying Corrections to Vertical Profiles of Reflectivity. *J. Appl. Meteor. Climatol.*, **46**, 154 – 166.

Melchionna, S., M. Bauer, und G. Peters, 2008: A new algorithm for the extraction of cloud parameters using multipeak analysis of cloud radar data. First application and results. *Meteorol. Z.*, **17**, 613 – 620.

Meneghini, R. und T. Kozu, (Eds.) , 1990: *Spaceborne weather radar.* Artech House.

Park, H., A. V. Ryzhkov, D. S. Zrnić, und K. Kim, 2008: The Hydrometeor Classification Algorithm for the Polarimetric WSR-88D: Description and Application to an MCS. *Weather and Forecasting*, **24**, 730 – 748.

Pazmany, A. L., R. E. McIntosh, R. Kelly, und G. Vali, 1994: An airborne 95-GHz dual-polarized radar for cloud studies. *IEEE Trans. Geosci. Remote Sens.*, **32**, 731–739.

Peters, T., 2008: Ableitung einer Beziehung zwischen der Radarreflektivität, der Niederschlagsrate und weiteren aus Radardaten abgeleiteten Parametern unter Verwendung von Methoden der multivariaten Statistik. Dissertation, Universität Karlsruhe.

Pfeifer, M., G. C. Craig, M. Hagen, und C. Keil, 2008: A Polarimetric Radar Forward Operator for Model Evaluation. *J. Appl. Meteor. Climatol.*, **47**, 3202 – 3220.

Plank, V., D. Atlas, und W. Paulsen, 1955: The nature and detectability of clouds and precipitation as determined by 1.25 centimeter radar. *J. Meteorol.*, **1**, 358 – 378.

Probert-Jones, J. R., 1962: The radar equation in meteorology. *Q. J. R. Meteorol. Soc.*, **88**, 485 – 495.

Pruppacher, H. R. und J. D. Klett, 1980: *Microphysics of clouds and precipitation*. D. Reidel Publishing Company.

Rinehart, R. E., 1981: A pattern recognition technique for use with conventional weather radar to determine internal storm motions. Recent progress in radar meteorology. *Atmos. Technol.*, 119 – 134.

Sassen, K., J. R. Campbell, J. Zhu, P. Kollias, M. Shupe, und C. Williams, 2005: Lidar and Triple-Wavelength Doppler Radar Measurements of the Melting Layer: A Revised Model for Dark- and Brightband Phenomena. *J. Appl. Meteor.*, **44**, 301 – 312.

Sauvageot, H., 1992: *Radar Meteorology*. Artech House.

Skolnik, M., 1990: *Radar Handbook*. McGraw-Hill.

Stephens, G. L. und P. J. Webster, 1981: Clouds and climate: sensitivity to simple systems. *J. Atmos. Sci.*, **38**, 235 – 247.

Stewart, R. E., J. D. Marwitz, J. C. Pace, und R. E. Carbone, 1984: Characteristics through the melting layer of stratiform clouds. *J. Atmos. Sci.*, **41**, 3227 – 3237.

Stokes, G. M. und S. E. Schwartz, 1994: The Atmospheric Radiation Measurement (ARM) Program: Programmatic background and design of the Cloud and Radiation Test Bed. *Bull. Amer. Meteor. Soc.*, **75**, 1201–1221.

Tabary, P., G. Scialom, und U. Germann, 2001: Real-Time Retrieval of the Wind from Aliased Velocities Measured by Doppler Radars. *J. Atmos. Oceanic Technol.*, **18**, 875–882.

Träumner, K., J. Handwerker, A. Wieser, und J. Grenzhäuser, 2010: A Synergy Approach to Estimate Properties of Raindrop Size Distributions Using a Doppler Lidar and Cloud Radar. *J. Atmos. Oceanic Technol.*, **27**, 1095 – 1100.

Vivekanandan, J., D. S. Zrnic, S. M. Ellis, R. Oye, A. V. Ryzhkov, und J. M. Straka, 1999: Cloud microphysics retrieval using S-band dual-polarization radar measurements. *Bull. Amer. Meteor. Soc.*, **80**, 381–388.

Waldteufel, P. und H. Corbin, 1979: On the Analysis of Single Doppler Data. *J. Appl. Meteor.*, **18**, 532–542.

White, A. B., D. J. Gottas, E. T. Strem, F. M. Ralph, und P. J. Neiman, 2002: An Automated Brightband Height Detection Algorithm for Use with Doppler Radar Spectral Moments. *J. Atmos. Oceanic Technol.*, **19**, 687 – 697.

Woods, C. P., M. T. Stoelinga, und J. D. Locatelli, 2008: Size Spectra of Snow Particles Measured in Wintertime Precipitation in the Pacific Northwest. *J. Atmos. Sci.*, **65**, 189 – 205.

Wulfmeyer, V., A. Behrendt, H.-S. Bauer, C. Kottmeier, U. Corsmeier, A. Blyth, G. Craig, U. Schumann, M. Hagen, S. Crewell, P. Di Girolamo, C. Flamant, M. Miller, A. Montani, S. Mobbs, E. Richard, M. W. Rotach, M. Arpagaus, H. Russchenberg, P. Schlüssel, M. König, V. Gärtner, R. Steinacker, M. Dorninger, D. D. Turner, T. Weckwerth, A. Hense, und C. Simmer, 2008: Research campaign: The Convective and Orographically Induced Precipitation Study. *Bull. Amer. Meteor. Soc.*, **89**, 1477–1486.

Danksagung

An dieser Stelle möchte ich all jenen Danken, die mich während der Zeit der Promotion unterstützt haben und so zum Gelingen dieser Arbeit beigetragen haben. Mein Dank gilt in erster Linie Prof. Dr. Klaus D. Beheng, der mir diese Arbeit ermöglichte und mir damit die Gelegenheit gab, in die spannende Welt der Radarmeteorologie einzutauchen. Er unterstützte mich stets mit kreativen Anregungen und war in Gesprächen immer wieder inspirierend und zugleich motivierend.

Prof. Dr. Sarah Jones danke ich ganz herzlich für die Übernahme des Korreferats und das Interesse an dieser Arbeit.

Des Weiteren gilt mein Dank Dr. Jan Handwerker, einerseits für die wertvollen Ratschläge zur Arbeit, zur Programmierung (und zu den grammatikalischen Schwächen des hiesigen Dialekts), andererseits für ausführliche Diskussionen über wissenschaftliche Themen und Privates, auch wenn wir nicht immer einer Meinungen waren. Außerdem möchte ich auch ausdrücklich Dr. Ulrich Blahak danken, der mir immer wieder mit seiner positiven Art, an Herausforderungen heranzugehen, mit gutem Rat zur Seite stand.

Der gesamten Arbeitsgruppe danke ich für eine angenehme Arbeitsatmosphäre und die gemeinsame Zeit auch außerhalb der Arbeit, beispielsweise beim Ski- bzw. Snowboardfahren.

Weiterer Dank gebührt Gabi Klinck, die immer zur Stelle war, wenn es Rechnerprobleme gab, sowie Dr. Heike Noppel, Dr. Tim Peters, Dr. Winfried Straub, Isabelle Wolff und Malte Neuper, die mich durch Einblicke in ihre Arbeit und Diskussionen zur Wolkenphysik und Radarmeteorologie bereicherten und auch außerhalb der Arbeit den ein oder anderen Abend zu einem Erlebnis werden ließen.

Im privaten Umfeld möchte ich mich für die jahrelange mentale Unterstützung während des Studiums und der Dissertation bedanken bei meiner Familie, ausdrücklich bei Heidi Keller und Gertrud Lenhard und meinen Freunden, insbesondere bei der Familie Beyle, Andrea Grohmer, Robert Heinke, Dr. Romi Sasse, Peter Hiller sowie Dagmar Fichtner und bei all jenen, die an dieser Stelle nicht explizit erwähnt sind.

Ganz besonderer Dank gebührt meiner Frau Viviane Herrmann-Grenzhäuser. Sie hat mir in dieser Zeit nicht nur eine wundervolle Tochter, Johanna Sophia Grenzhäuser, geschenkt, sondern stand in jeder Situation hinter mir und war und ist eine bedeutende Stütze für mich, auch wenn ich mal den einen oder anderen Abend der Arbeit widmete.

Wissenschaftliche Berichte des Instituts für Meteorologie und Klimaforschung des Karlsruher Instituts für Technologie (0179-5619)

Bisher erschienen:

Nr. 1: *Fiedler, F. / Prenosil, T.*
Das MESOKLIP-Experiment. (Mesoskaliges Klimaprogramm im Oberrheintal).
August 1980

Nr. 2: *Tangermann-Dlugi, G.*
Numerische Simulationen atmosphärischer Grenzschichtströmungen über langgestreckten mesoskaligen Hügelketten bei neutraler thermischer Schichtung.
August 1982

Nr. 3: *Witte, N.*
Ein numerisches Modell des Wärmehaushalts fließender Gewässer unter Berücksichtigung thermischer Eingriffe.
Dezember 1982

Nr. 4: *Fiedler, F. / Höschele, K. (Hrsg.)*
Prof. Dr. Max Diem zum 70. Geburtstag.
Februar 1983 (vergriffen)

Nr. 5: *Adrian, G.*
Ein Initialisierungsverfahren für numerische mesoskalige Strömungsmodelle.
Juli 1985

Nr. 6: *Dorwarth, G.*
Numerische Berechnung des Druckwiderstandes typischer Geländeformen.
Januar 1986

Nr. 7: *Vogel, B.; Adrian, G. / Fiedler, F.*
MESOKLIP-Analysen der meteorologischen Beobachtungen von mesoskaligen Phänomenen im Oberrheingraben.
November 1987

Nr. 8: *Hugelmann, C.-P.*
Differenzenverfahren zur Behandlung der Advektion.
Februar 1988

Nr. 9: *Hafner, T.*
Experimentelle Untersuchung zum Druckwiderstand der Alpen.
April 1988

Nr. 10: *Corsmeier, U.*
Analyse turbulenter Bewegungsvorgänge in der maritimen
atmosphärischen Grenzschicht.
Mai 1988

Nr. 11: *Walk, O. / Wieringa, J.(eds)*
Tsumeb Studies of the Tropical Boundary-Layer Climate.
Juli 1988

Nr. 12: *Degrazia, G. A.*
Anwendung von Ähnlichkeitsverfahren auf die turbulente Diffusion
in der konvektiven und stabilen Grenzschicht.
Januar 1989

Nr. 13: *Schädler, G.*
Numerische Simulationen zur Wechselwirkung zwischen Landober-
flächen und atmophärischer Grenzschicht.
November 1990

Nr. 14: *Heldt, K.*
Untersuchungen zur Überströmung eines mikroskaligen Hindernisses
in der Atmosphäre.
Juli 1991

Nr. 15: *Vogel, H.*
Verteilungen reaktiver Luftbeimengungen im Lee einer Stadt –
Numerische Untersuchungen der relevanten Prozesse.
Juli 1991

Nr. 16: *Höschele, K.(ed.)*
Planning Applications of Urban and Building Climatology – Proceedings
of the IFHP / CIB-Symposium Berlin, October 14-15, 1991.
März 1992

Nr. 17: *Frank, H. P.*
Grenzschichtstruktur in Fronten.
März 1992

Nr. 18: *Müller, A.*
Parallelisierung numerischer Verfahren zur Beschreibung von
Ausbreitungs- und chemischen Umwandlungsprozessen in der
atmosphärischen Grenzschicht.
Februar 1996

Nr. 19: *Lenz, C.-J.*
Energieumsetzungen an der Erdoberfläche in gegliedertem Gelände.
Juni 1996

Nr. 20: *Schwartz, A.*
Numerische Simulationen zur Massenbilanz chemisch reaktiver
Substanzen im mesoskaligen Bereich.
November 1996

Nr. 21: *Beheng, K. D.*
Professor Dr. Franz Fiedler zum 60. Geburtstag.
Januar 1998

Nr. 22: *Niemann, V.*
Numerische Simulation turbulenter Scherströmungen mit einem
Kaskadenmodell.
April 1998

Nr. 23: *Koßmann, M.*
Einfluß orographisch induzierter Transportprozesse auf die Struktur
der atmosphärischen Grenzschicht und die Verteilung von
Spurengasen.
April 1998

Nr. 24: *Baldauf, M.*
Die effektive Rauhigkeit über komplexem Gelände – Ein Störungs-
theoretischer Ansatz.
Juni 1998

Nr. 25: *Noppel, H.*
Untersuchung des vertikalen Wärmetransports durch die Hangwind-
zirkulation auf regionaler Skala.
Dezember 1999

Nr. 26: *Kuntze, K.*
Vertikaler Austausch und chemische Umwandlung von Spurenstoffen
über topographisch gegliedertem Gelände.
Oktober 2001

Nr. 27: *Wilms-Grabe, W.*
Vierdimensionale Datenassimilation als Methode zur Kopplung zweier
verschiedenskaliger meteorologischer Modellsysteme.
Oktober 2001

Nr. 28:   *Grabe, F.*
Simulation der Wechselwirkung zwischen Atmosphäre, Vegetation
und Erdoberfläche bei Verwendung unterschiedlicher Parametri-
sierungsansätze.
Januar 2002

Nr. 29:   *Riemer, N.*
Numerische Simulationen zur Wirkung des Aerosols auf die tropos-
phärische Chemie und die Sichtweite.
Mai 2002

Nr. 30:   *Braun, F. J.*
Mesoskalige Modellierung der Bodenhydrologie.
Dezember 2002

Nr. 31:   *Kunz, M.*
Simulation von Starkniederschlägen mit langer Andauer über
Mittelgebirgen.
März 2003

Nr. 32:   *Bäumer, D.*
Transport und chemische Umwandlung von Luftschadstoffen im
Nahbereich von Autobahnen – numerische Simulationen.
Juni 2003

Nr. 33:   *Barthlott, C.*
Kohärente Wirbelstrukturen in der atmosphärischen Grenzschicht.
Juni 2003

Nr. 34:   *Wieser, A.*
Messung turbulenter Spurengasflüsse vom Flugzeug aus.
Januar 2005

Nr. 35:   *Blahak, U.*
Analyse des Extinktionseffektes bei Niederschlagsmessungen mit einem
C-Band Radar anhand von Simulation und Messung.
Februar 2005

Nr. 36:   *Bertram, I.*
Bestimmung der Wasser- und Eismasse hochreichender konvektiver
Wolken anhand von Radardaten, Modellergebnissen und konzep-
tioneller Betrachtungen.
Mai 2005

Nr. 37:   *Schmoeckel, J.*
Orographischer Einfluss auf die Strömung abgeleitet aus Sturm-
schäden im Schwarzwald während des Orkans „Lothar".
Mai 2006

Nr. 38: *Schmitt, C.*
Interannual Variability in Antarctic Sea Ice Motion: Interannuelle
Variabilität antarktischer Meereis-Drift.
Mai 2006

Nr. 39: *Hasel, M.*
Strukturmerkmale und Modelldarstellung der Konvektion über
Mittelgebirgen.
Juli 2006

Ab Band 40 erscheinen die Wissenschaftlichen Berichte des Instituts für Meteo-
rologie und Klimaforschung bei KIT Scientific Publishing (ISSN 0179-5619).
Die Bände sind unter www.ksp.kit.edu als PDF frei verfügbar oder als
Druckausgabe bestellbar.

Nr. 40: *Lux, R.*
Modellsimulationen zur Strömungsverstärkung von orographischen
Grundstrukturen bei Sturmsituationen. (2007)
ISBN 978-3-86644-140-8

Nr. 41: *Straub, W.*
Der Einfluss von Gebirgswellen auf die Initiierung und Entwicklung
konvektiver Wolken. (2008)
ISBN 978-3-86644-226-9

Nr. 42: *Meißner, C.*
High-resolution sensitivity studies with the regional climate model
COSMO-CLM. (2008)
ISBN 978-3-86644-228-3

Nr. 43: *Höpfner, M.*
Charakterisierung polarer stratosphärischer Wolken mittels hochauflö-
sender Infrarotspektroskopie. (2008)
ISBN 978-3-86644-294-8

Nr. 44: *Rings, J.*
Monitoring the water content evolution of dikes. (2009)
ISBN 978-3-86644-321-1

Nr. 45: *Riemer, M.*
Außertropische Umwandlung tropischer Wirbelstürme: Einfluss auf
das Strömungsmuster in den mittleren Breiten. (2012)
ISBN 978-3-86644-766-0

Nr. 46:   *Anwender, D.*
Extratropical Transition in the Ensemble Prediction System of the ECMWF:
Case Studies and Experiments. (2012)
ISBN 978-3-86644-767-7

Nr. 47:   *Rinke, R.*
Parametrisierung des Auswaschens von Aerosolpartikeln durch
Niederschlag. (2012)
ISBN 978-3-86644-768-4

Nr. 48:   *Stanelle, T.*
Wechselwirkungen von Mineralstaubpartikeln mit thermodynamischen
und dynamischen Prozessen in der Atmosphäre über Westafrika. (2012)
ISBN 978-3-86644-769-1

Nr. 49:   *Peters, T.*
Ableitung einer Beziehung zwischen der Radarreflektivität, der
Niederschlagsrate und weiteren aus Radardaten abgeleiteten
Parametern unter Verwendung von Methoden der multivariaten
Statistik. (2012)
ISBN 978-3-86644-323-5

Nr. 50:   *Khodayar Pardo, S.*
High-resolution analysis of the initiation of deep convection forced
by boundary-layer processes. (2012)
ISBN 978-3-86644-770-7

Nr. 51:   *Träumner, K.*
Einmischprozesse am Oberrand der konvektiven atmosphärischen
Grenzschicht. (2012)
ISBN 978-3-86644-771-4

Nr. 52:   *Schwendike, J.*
Convection in an African Easterly Wave over West Africa and the
Eastern Atlantic: A Model Case Study of Hurricane Helene (2006)
and its Interaction with the Saharan Air Layer. (2012)
ISBN 978-3-86644-772-1

Nr. 53:   *Lundgren, K.*
Direct Radiative Effects of Sea Salt on the Regional Scale. (2012)
ISBN 978-3-86644-773-8

Nr. 54:   *Sasse, R.*
Analyse des regionalen atmosphärischen Wasserhaushalts unter
Verwendung von COSMO-Simulationen und GPS-Beobachtungen. (2012)
ISBN 978-3-86644-774-5

Nr. 55: *Grenzhäuser, J.*
Entwicklung neuartiger Mess- und Auswertungsstrategien für ein
scannendes Wolkenradar und deren Anwendungsbereiche. (2012)
ISBN 978-3-86644-775-2